LED
조명용어집

장우진 이진숙 유영문 권오화 김용완
이종찬 오도석 손원국 박승남 조현민
강태규 이윤철 조용익 著

Ⓗ (株)圖書出版 技多利

저자

장 우 진 서울과학기술대학교 교수
이 진 숙 충남대학교 교수
유 영 문 부경대학교 교수
권 오 화 케이아이씨테크 대표
김 용 완 파이맥스 기술이사
이 종 찬 금호전기(주) 수석연구원
오 도 석 삼성전자(주) 책임연구원
손 원 국 포스코 LED 실장
박 승 남 한국표준과학연구원 본부장
조 현 민 전자부품연구원 책임연구원
강 태 규 한국전자통신연구원 책임연구원
이 윤 철 한국광기술원 선임연구원
조 용 익 한국광기술원 책임연구원

CONTENTS

LED조명용어집

LED조명용어집

Chapter 01 LED

Light-Emitting Diode

▶ 골드와이어 (Gold Wire)

LED 칩의 전극과 단자를 연결해주는 금으로 된 전선

▶ 광결정 (Photonic Crystals)

광자의 움직임에 영향을 줄 수 있게 설계된 광학결정(나노구조물)

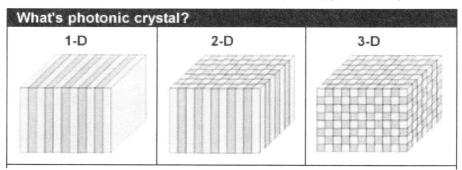

(출처 : http://www.ist.hokudai.ac.jp/korean/netjournal/net_02_ex.html)

▶ 금속 인쇄회로기판 (Metal core printed circuit board)

기반물질이 금속으로 제작된 인쇄회로기판

(출처 : http://dvd.cinecine.co.kr/shop/view.asp?gc=773)

▶ 난연수지 인쇄회로기판(Frame Retardant Type)

유리, 에폭시 수지로 만든 난연성 기판이라 말하여, 기반물질인 유리 또는 에
폭시 수지로 제작된 인쇄회로기판

▶ 다이 (Die)

LED 웨이퍼 위에 만들어진 발광기능을 가진 회로소자

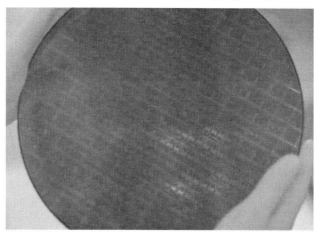

(출처 : http://www.xbitlabs.com/)

▶ 댐 (Dam)

평면기판에 형성한 LED 패키지에서 봉지재가 외부로 유출되지 않도록 형성한 구조물

▶ 멀티칩 패키징 (Multi Chip Packaging)

2 개 이상의 LED 칩으로 된 패키지하는 것

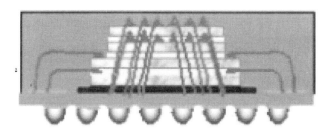

(출처 : http://news.soft32.com/3d-memory-package_1251.html)

▶ 무분극 LED (Non-Polar LED)

일반 발광다이오드와 다르게 양극 및 음극의 극성이 없는 발광다이오드

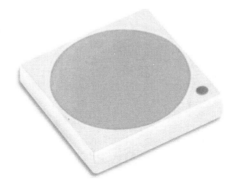

(출처 : http://www.ddaily.co.kr/news/news_view.php?uid=92623)

▶ 발광 (Luminescence)

물질이 흡수한 에너지의 일부 또는 전부를 빛으로 방출하는 현상

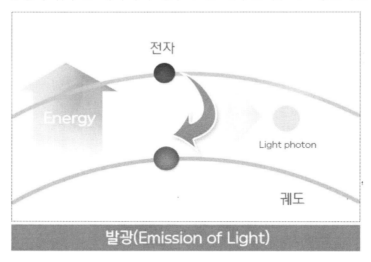

(출처 : http://blog.samsungdisplay.com/93)

▷ **발광다이오드 모듈 (LED Module)**

하나 이상의 LED 칩 또는 LED 패키지들을 모듈화한 것

(출처 : http://brainage.egloos.com/5292089)

▷ **발광다이오드 (Light Emitting Diode)**

전류가 흐르면 빛을 방출하는 다이오드의 한 종류

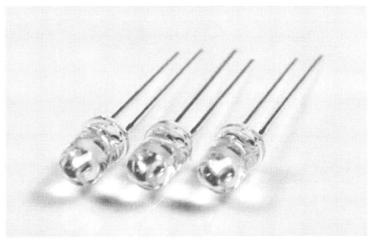

(출처 : http://www.devicemart.co.kr/goods/view.php?seq=189)

▶ 봉지재 (Encapsulant)

LED 를 열, 수분, 외부 충격으로부터 보호하고, 광 추출효율을 향상시키기 위한 밀봉재료

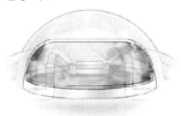

(출처 : http://www.dowcorning.co.kr/ko_KR/content/etronics/etronicsled/etronics_led_tutorial2.asp?
DCWS=Electronics&DCWSS=LED%20Materials)

▶ 비닝 (Binning)

발광다이오드를 각각의 성능기준요소들(Flux, Wavelength, CCT, Vf 등)에 맞게 그룹으로 분류하는 것

▶ 세라믹 적층 패키징 (Multilayer Ceramic Packaging)

세라믹 물질을 다층화하여 LED chip 을 패키지화하는 것

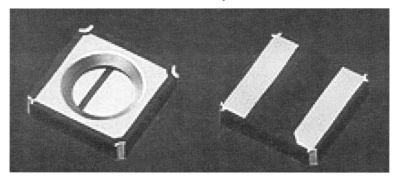

(출처 : http://www.semipkg.com/index.php/LED_Package)

▶ 수직형 LED (Vertical LED)

수직으로 전극의 양극과 음극을 배치한 LED

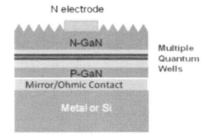

(출처 : http://www.astri.org/main/index.php?contentnamespace=technologies:mpt:device_fab:led_devices)

▶ 양자효율 (Quantum Efficiency)

물질 중에서 광자 또는 전자가 다른 에너지의 광자 또는 전자로 변환되는 비율

▶ 웨이퍼레벨 패키지 (Wafer Level Package)

LED Die 의 전극에 wire bonding 를 하지 않고 임의의 인쇄회로기판에 직접 실장하여 만든 LED 패키지

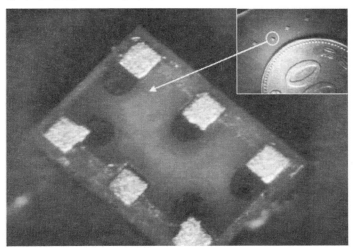

(출처 : http://blog.daum.net/microglass/20)

▶ 칩온보드 패키지 (Chip On Board Package)

임의의 기판(인쇄회로기판, 세라믹 기판 등)에 LED Die 를 직접 장착하여 만든 LED 패키지

(출처 : http://www.zdnet.co.kr/news/news_view.asp?artice_id=20111207183214)

▶ 칩온히트싱크 패키지 (COH Package)

방열구조물(금속, 세라믹 구조물 등) 위에 LED Die 를 직접 장착하여 만든 LED 패키지

(출처 : http://www.cosmoin.com/study/study_02.html)

▶ 패키지 (Package)

LED 소자(die 또는 chip)의 단자를 외부배선으로 접속하여 LED 의 기능을 발휘하며 보호하는 구조물

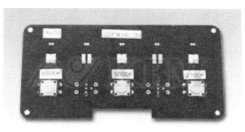

(출처 : http://www.kbmcorp.co.kr/dev/product/list.html?h_gcode=product&h_code=1&po_bun=co_part01&po_lclass=shop_60#pr_4)

▶ 표면실장형 패키지 (SMD Package)

인쇄회로기판에 LED 를 직접 표면실장이 가능한 패키지

(출처 : http://www.gtrade.or.kr/buyer/product/LED-package.do?productId=0000041454&categoryId=C0505)

▶ 형광체 (Phosphor)

전자기파(자외선, 가시광선, X 선, 음극선, 적외선, 방사선 등)와 같은 외부에
너지를 흡수하여 발광하는 물질

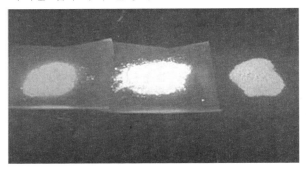

(출처 : http://www.hellodd.com/Kr/DD_News/Article_View.asp?Mtype=sub1&Mark=5101&Midx=2&Pid
x=&Page=26)

LED조명용어집

Chapter **02** 생산장비

▶ **PSS스텝퍼 (Stepper (PSS))**

 LED 용 사파이어 기판의 표면 패턴을 형성하기 위해 기판 단위 영역마다 정렬 및 노광을 실시하는 장비

▶ **광조도계 (Illuminance Meter)**

 광조도를 측정하는 장비

(출처 : http://www.dhand.co.kr/col-light-1330.php)

▶ **광휘도계 (Luminance Meter)**

 광휘도를 측정하는 장비

(출처 : http://blog.daum.net/jnimimi/2854876)

▷ 노광기 (Mask Aligner)

LED 칩 제조 중에 미세패턴을 구현하기 위해 기판과 패턴이 형성된 마스크를 정렬하고 UV 광을 조사하는 공정 장비

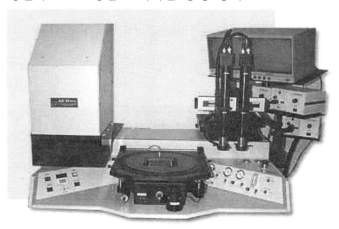

(출처 : http://www.epakelectronics.com/abm_mask_alignment.htm)

▷ 다이본더 (Die bonder)

LED 칩을 패키지 리드프레임 위에 부착시키는 공정 장비, 접착제로는 에폭시, 실리콘 등 고분자접착제를 사용하는 경우와 Eutectic Solder 를 이용하는 경우로 나눌 수 있음

(출처 : http://liftrc.re.kr/business/equ_list.php?page=8)

▶ **다이싱머신 (Dicing Machine (Laser Scriber or Diamond Scriber))**

　　전극제조 공정이 완료된 LED 웨이퍼를 레이저 또는 고속 회전하는 날을 이용하여 칩 단위로 절단 또는 절단선을 생성하는 장비

▶ **레이저리프트오프 (Laser lift-off, LLO)**

　　레이저를 이용하여 수직형 LED에서 질화갈륨(GaN)층과 사파이어웨이퍼를 분리하는 장비

(출처 : http://www.jpsalaser.com/apps_llo.html)

▶ **반사율계(Reflectometer)**

　　반사량을 측정하기 위한 장비

(출처 : http://www.secos.co.kr/htm/pro1_1_12.htm)

▶ 분광광도계 (Spectrophotometer)

분광반사율, 분광투과율 등을 파장의 함수로 측정하는 장비

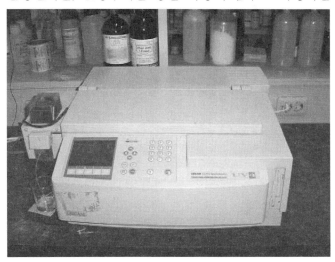

(출처 : http://web2.gwangju.ac.kr/~erc/bbs/view.php?&bbs_id=jangbi&book=3&part=2&chapter=&page=&doc_num=12)

▶ 분광복사계 (Spectroradio-meter)

주어진 분광 범위 전반에 걸쳐 좁은 파장 간격으로 복사량을 측정하는 장비

▶ 사출성형기 (Injection Molder)

가열에 의해 녹은 플라스틱 재료를 금형 속으로 사출시켜 고체화하여 성형품을 만드는 장비

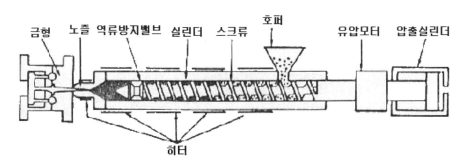

(출처 : http://www.cmdpro.com/neoboard/NeoBoard/NeoView.cgi?Db=data&Mode=view&Block=2&Number=12&BackDepth=1&SearchID=&fmSearchType=&fmKeyWord=)

▶ 스퍼터 (Sputter)

진공상태에서 아르곤 가스와 같은 불활성 기체나 산소 등의 반응성 기체 등을 주입하고, 한쪽에는 증착될 물질인 타겟을 두고 반대쪽에는 기판을 두어 둘 사이에 전압을 인가하여 박막을 증착하는 장비

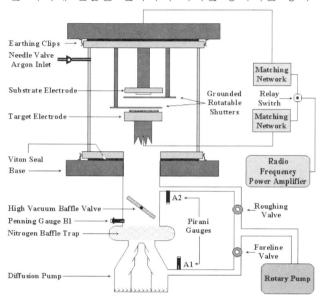

(출처 : http://www.study-on-line.co.uk/whoami/thesis/chap3.html)

▶ 스핀코터 (Spin Coater)

기판을 회전 시키면서 기판 위에 도포한 액체가 원심력으로 밖으로 밀려나면서 막을 기판위에 도포하는 장비로 감광제를 코팅할 때 사용됨.

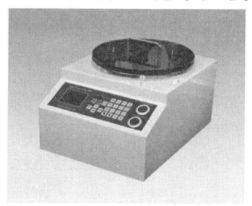

(출처 : http://www.4science.net/main.asp??=item/item_view&item_idx=6787)

▶ 습식세정장치 (Wet station)

LED 칩 제조 중에 용액을 이용하여 세정, 식각 등의 공정 수행을 위한 욕조 및 배수, 환기 시설이 구비된 장비

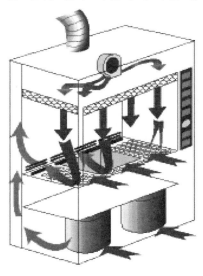

(출처 : http://www.terrauniversal.com/wet-processing-stations/wet-processing-integrated-cabinets.php)

▶ 압축성형기 (Compression Molder)

가열한 금형의 빈 공간에 성형 재료를 넣고 유동 상태가 되었을 때 가압하여 성형품을 만드는 장비

Compression Molding

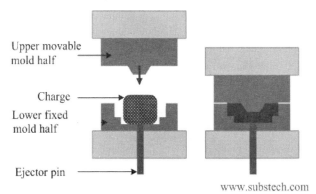

(출처 : http://www.substech.com/dokuwiki/doku.php?id=compression_molding_of_polymers)

▶ **열경화기 (Oven)**

높은 온도에서 고분자 물질을 액체상태에서 고체상태로 경화시키는 공정
장비

(출처 : http://www.edsc.or.kr/reservation/view.php?seqno=18)

▶ **와이어본더 (Wire bonder)**

LED 칩 상의 패드를 패키지 리드프레임상의 패드와 전기적 연결을 위해 금실
(Gold wire)로 이어주는 공정 장비

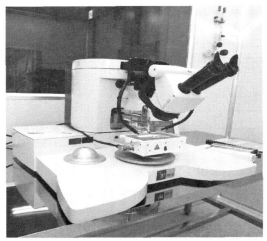

(출처 : http://liftrc.re.kr/business/equ_list.php?page=8)

▷ 웨이퍼연마기 (Grinder & Polisher)

웨이퍼를 접합하거나 박막을 증착하기 전에 기판을 평평하게 가공하는 장비

(출처 : http://www.dsglobal.biz/goods/goods_detail.asp?idx=1357&ctg_code=06-02&intPageSize=&s
chword=&schkey=&page=&goods_company=&sort=)

▷ 웨이퍼접합기 (Wafer Bonder)

수직형 LED 공정에서 고온의 열과 압력을 가해서 P-GaN 층에 금속지지층을
부착시키는 공정 장비

(출처 : http://www.mhik.com/board/?FC=read&t=notice&n%5B0%5D=288&page=1&PHPSESSID=068a
ef0dcab51013264488500e5fc191)

▶ 유기금속화학증착장비 (Metal-Organic Chemical Vapor Deposition, MOCVD)

유기 금속가스를 고온의 기판상에 열분해시켜 박막을 성장시키는 화학증착
장비

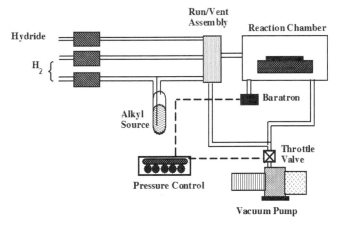

(출처 : http://en.wikipedia.org/wiki/Metalorganic_vapour_phase_epitaxy)

▶ 유도결합 반응성이온 식각기 (Inductively Coupled Plasma Reactive Ion Etching, ICP RIE)

고주파코일의 축을 따라 기체를 플라즈마 상태로 만들고, 플라즈마 내의 이
온을 가속시켜서 기판상의 물질을 식각하는 장비

▶ 저압화학기상증착기(Low Pressure Chemical Vapor Deposition, LPCVD)

저압에서 기판상에 원료기체를 흘려주면서 고온의 에너지로 분해시켜 기상
반응으로 박막을 형성하는 장비

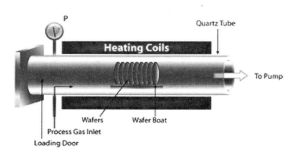

(출처 : http://www.dowcorning.co.kr/ko_KR/content/etronics/etronicschem/etronics_newcvd_tutoria
l3.asp?DCWS=Electronics&DCWSS=Chemical%20Vapor%20Deposition)

▷ 적분구 (Integrating Sphere; Ulbricht sphere)

파장에 대하여 비선택성의 확산 반사성 백색도료를 내부에 도포한 속이 텅빈 구

(출처 : http://www.bbeled.com/about/research-test.html)

▷ 전자빔증발기 (E-beam evaporator)

전자 빔을 원료 물질에 조사하여 원료물질을 증발시킨 뒤 기판상에서 응축시켜 박막을 형성하는 장비

(출처 : http://bionano.re.kr/equ/equ01.php)

▶ 정량토출기 (Dispenser)

액체를 일정양만큼 주입하는 장비, 실리콘봉지재를 리드프레임에 주입할 때 사용됨.

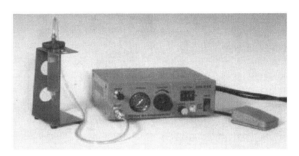

(출처 : http://taeha94.kr.ec21.com/1/%EC%95%A1%EC%B2%B4%EC%A0%95%EB%9F%89%ED%86% A0%EC%B6%9C%EA%B8%B0(Fluid_Dispenser:DSD-200).html)

▶ 칩검사기 (Prober)

칩 제조공정이 완료된 뒤 LED 칩의 전기적, 광학적 특성을 평가하는 장비

▶ 칩분류기 (Sorter)

LED 칩을 전압, 광출력, 파장에 따른 등급에 맞게 분류하여 재배치하는 장비

▶ 테스트핸들러 (Test Handler)

패키지의 불량유무를 검사하고 전기적/광학적 특성을 측정하여 지정된 등급 분류 기준에 의거하여 분류하는 장비

(출처 : http://ismeca-semiconductor.com/article.php?S=1&Folder=29)

▶ 테이핑머신 (Taping Machine)

제조된 LED 패키지를 자동 납땜 공정이 가능하도록 릴(Reel) 상태로 포장하는 장비

▶ 트랜스퍼 성형기 (Transfer Molder)

플라스틱 패키지에서, 펠릿을 부착한 리드 프레임을 몰드 금형에 세트해 두고, 여기에 유동성 수지를 흘려 넣어 성형품을 만드는 장비

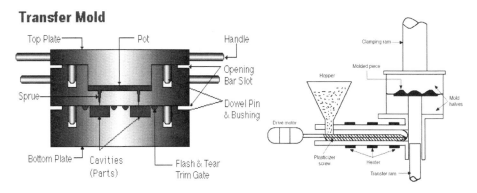

(출처 : http://www.hawthornerubber.com/transfer.html)
(출처 : http://www.longmold.com/viewnews.php?id=86)

▶ 플라즈마세정기 (Plasma Cleaner)

플라즈마 상태의 이온을 패키지 리드프레임 표면에 충돌시켜 표면 오염을 제거하여 표면 부착력을 향상시켜주는 공정장비

(출처 : http://people.clarkson.edu/~sminko/nanostructured/equipment.html)

▶ 플라즈마애셔 (Plasma Asher)

LED 칩 제조 중에 기판상에 남아있는 불필요한 유기물질을 플라즈마 내 이온 과 반응시켜 제거하는 장비

(출처 : http://www.nims.go.jp/nfs/2dnano/3_systems/05_asher_en.html)

▶ 플라즈마화학증착장비 (Plasma Enhanced Chemical Vapor Deposition, PECVD)

가스상태의 반응물을 기판상에서 증착시키는데, 플라즈마를 이용하여 낮은 온도에서 화학반응이 일어나도록 하는 장비

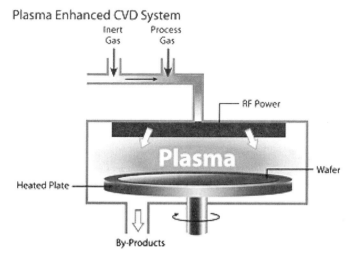

(출처 : http://fand.kaist.ac.kr/Equipment.htm)

▶ **현상기 (Developer)**

　　기판상에 감광제를 코팅한 뒤 노광된 기판을 현상하여 감광제 상에 패턴을
형성하는 장비

LED조명용어집

Chapter 03 기본단위 및 물리량

▶ 가시거리 (Luminous Range)

대기투과율(기상학의)과 관측자의 눈에서의 광조도 임계치에만 한정되는 경우에서 어떤 주어진 신호등불을 시인(인식)할 수 있는 최대거리. 해상에서는 광달거리라고 한다.

▶ 가시도 (Visibility)

보는 대상물체가 주변과 분리되어 보이기 쉬운 정도를 말하며 일반적으로 가시도는 대비, 광선속발산도, 물체의 크기, 노출시간, 광휘도, 움직임(관찰자 또는 물체)등에 의해 행동에 영향을 주어 재해를 발생하게 된다.

▶ 가시복사 (Visible Radiation)

시감을 직접적으로 유발 시킬수 있는 모든 복사.

비고 : 가시복사는 망막에 도달하는 복사속과 관측자의 시감효율에 따라 결정되며, 일반적으로 (380~780)nm의 사이의 파장영역에서의 복사가 가시복사에 해당한다.

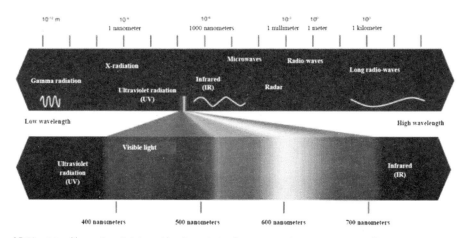

(출처 : http://www.lenalighting.pl/en/knowledge/spectrum-of-visible-radiation/)

▶ 간접 광조도 (Indirect Illuminance)

광원이나 조명기구의 빛이 벽면, 천정면 등에 닿은 간접광(반사광)에 의해 얻어지는 광조도이다. 조명기구의 앞면 커버 등을 투과하는 빛과는 구별해야 한다.

▶ 고유반사율 (Reflectivity, ρ ∞)

두께가 두꺼워져도 반사율이 변화하지 않는 두께의 물질층의 반사율로 두 매질의 경계면에 빛이 입사할 때 반사하는 빛의 강도와 입사하는 빛의 강도의 비율

▶ 광도 (Luminous Intensity)

광원에서 빛이 사방으로 나와도 방향에 따라 빛의 강도가 다른 경우가 많다. 이것은 각 방향으로의 광선속량이 다르기 때문이다. 이런 각 방향으로의 빛의 강도를 광도로 표현하며, 어느 방향으로의 단위 입체각당 광선속으로 주어진다. 광도의 기호는 I_v 이며 단위는 cd(칸델라)이다. 점복사원으로부터 한 방향의 미소 입체각 $d\Omega$ 내의 광선속 $d\Phi_v$ 을 그 입체각 $d\Omega$ 으로 나눈 값

$$I_v = d\Phi_v / d\Omega$$

단위 : cd = lm · sr^{-1}

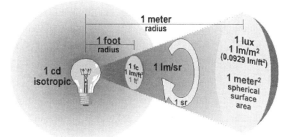

(출처 : http://dreamad.tistory.com/entry/%EA%B4%91%EC%86%8D-%EA%B4%91%EB%8F%84-%EC%A1%B0%EB%8F%84-%ED%9C%98%EB%8F%84-%EB%9E%80)

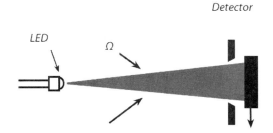

Luminous intensity is a measure of the flux emitted into a solid angle.

(출처 : http://www.gamma-sci.com/photometry/)

▶ **광도계수 (Coefficient of Luminous Intensity, R)**

관측방향에서 재귀반사체의 광도 I 를 입사된 빛 방향에 직각인 면상의 재귀

R=I/E ⊥

단위 : cd · lx⁻

▶ **광량 (Quantity of Light, Q$_v$; Q)**

주어진 시간 △t 에서의 광선속 Φ_v

$$Q_v = \int_{\Delta t} \Phi_v dt$$

단위 : 1m · s

▶ **광선속 (Luminous Flux, Φ_v; Φ)**

CIE 표준관측자의 분광시감효율과 분광복사속으로 부터 도출된 양.

밝은빛시감에서는

$$\Phi_v = K_m \int_0^\infty \frac{d\Phi_e(\lambda)}{d\lambda} \cdot V(\lambda)d\lambda$$

여기서 $d\varphi_e(\lambda)/d\lambda$ 는 분광복사속이며 $V(\lambda)$는 표준관측자의 시감효율이다.

단위 : lm, 기호 Φ_v

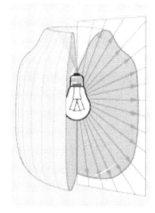

(출처 : http://www.osram.com.au/osram_au/Lighting_Design/About_Light/Light_%26_Man/Perceptio
n/Luminous_flux_F/index.html)

▷ 광선속출사도 (Luminous Exitance, M_v; M)

단위면적에서 방출되는 전광선속

동일한 정의 : 주어진 점에서 $L_v \cdot \cos\theta \cdot d\Omega$로 표현되는 가시반구의 적분. 여기에서 L_v는 입체각 $d\Omega$로 방출되는 기본빔의 여러 방향중 주어진 점에서의 광휘도이며, θ는 주어진 점에서 표면과 직각인 방향과 이들 빔 사이의 각을 의미한다.

$$M_v = \frac{d\Phi_v}{dA} = \int_{2\pi sr} L_v \cdot \cos\theta \cdot d\Omega \qquad 단위 : \text{lm} \cdot \text{m}^{-2}$$

▷ 광원 광효율 (Luminous Efficacy of a Source)

광원에서 모든 방향으로 방출되는 전광선속을 광원의 소비전력으로 나눈값

단위 : $\text{lm} \cdot \text{W}^{-1}$

▷ 광원 (Light Source)

전기, 화학 등의 에너지를 광에너지로 변환해 빛을 발생하는 것

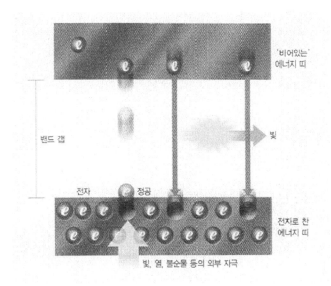

(출처 : http://blog.naver.com/PostView.nhn?blogId=cehoo&logNo=40014549146)

▶ 광원효율 (Luminous Efficacy)

광원의 전기에너지를 빛에너지로 변환하는 에너지 효율을 발광효율이라고 하며, 광변환 효율이라고 한다. 광원으로부터 방출되는 빛의 양인 광선속(루멘, lumen)을 소비전력(watt)으로 나눈 값으로, 이 값이 높을수록 에너지 효율이 높다. 빛이나 전자선으로 여기하여 얻어진 빛 에너지의 일부는 외부로 나오기 전에 다시 물질에 흡수되거나 표면에서 산란된다. 그래서 빛 에너지로 변환되는 비율을 내부 효율이라 하고, 물질의 외부로 나오는 빛 에너지의 비율을 외부 효율이라고 한다. 또 이들의 비율을 광(양)자 수로 환산하여 나타냈을 때는 각각 내부 양자효율, 외부 양자효율이라고 한다.

▶ 광자 (Photon)

빛을 이루고 있는 기본 단위입자. 파장을 λ (람다) [단위: m]로 할때 광자의 에너지 E [Joule] 및 운동량 p [J.s/m]를 나타내는 관계식으로 나타낼 수 있다. (단, h 는 플랑크의 상수로 6.625×10^{-34} J·s, c 는 광속으로 2.998×10^8 [m/s] v 는 진동수)

$$P = hv/c = h/\lambda \qquad E = hv$$

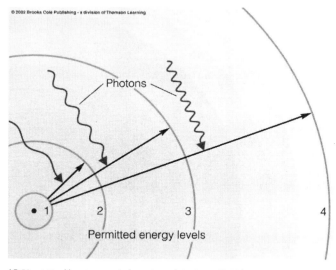

© 2002 Brooks Cole Publishing - a division of Thomson Learning

Photons

Permitted energy levels

(출처 : http://spot.pcc.edu/~aodman/physics%20122/light-electro-pictures/light-electro-lecture.htm)
$I_p = d\Phi_p/d\Omega$ 단위 : $s^{-1} \cdot sr^{-1}$

▶ 광전관 (Photoemissive Cell)

광전효과를 이용하여 빛의 변화를 전류의 변화로 바꾸는 전자관

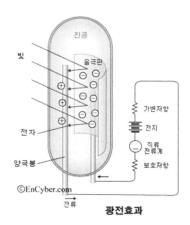

(출처 : http://doopedia.co.kr/m/doopedia/master/master.do?_method=view&MAS_IDX=18950)

▶ 광전류 (Photocurrent)

빛의 조사로 인하여 물질 속에 생긴 전자로 외부 회로에 흐르게 된 전류. 빛
의 조사로 인하여 광전면으로부터 방출된 광전자에 의한 것과 반도체 속에
생긴 전자와 정공에 의한 것이 있다.

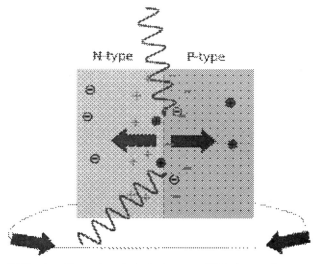

(출처 : http://www.thenakedscientists.com/HTML/content/kitchenscience/exp/diy-photovoltaic-sol
ar-cell/)

▶ 광전음극 (Photocathode)

광전관의 음극

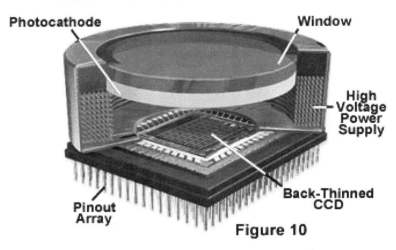

Electron-Bombarded Back-Thinned CCD

(출처 : http://www.olympusfluoview.com/theory/detectorsintro.html)

▶ 광전효과 (Photovoltaic Effect)

빛의 조사에 의해 반도체나 전해질 용액의 계면에 기전력이 발생하는 현상

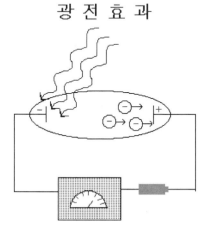

(출처 : http://nucl-a.inha.ac.kr/physics/mphys/main/06-01.html)

▶ 광조도 균제도 (Uniformity Ratio of Illuminance)

어떤 면위에 존재하는 광조도값 중 한정된 범위에서 평균 광조도치에 대한 최소 광조도치를 말하는 것이 일반적이다. 최소광조도(E_{min}), 평균광조도(E_{ave})로 하면 다음식이 된다. 균제도=E_{min}/E_{ave} 또한 최소광조도에 대한 최대광조도의 비, 최대광조도에 대한 평균광조도의 비를 이용하는 경우도 있다.

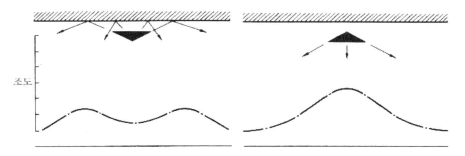

(출처 : http://sound.wonkwang.ac.kr/lecture/light/al1.htm)

▶ 광조도 (Illuminance)

면 위의 점에 대하여 정의되며 그 점을 포함하는 미소면에(모든 방향에서)입사하는 광선속의 단위 면적당 비율

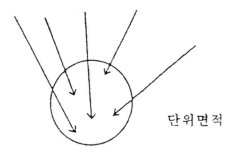

(출처 : http://photometry.kriss.re.kr/wiki/index.php/)

▶ 광출사도 (Luminous Exitance)

면적 광원에 관한 측광량의 하나. 면적 광원의 주어진 1 점에 있어서의 미소 면적 dA 에서 방출되는 광선속을 $d\Phi_v$라 할때, 광출사도 M_v는 $M_v = \lim_{\Delta A \to 0} \frac{\Delta\Phi_v}{\Delta A} = \frac{d\Phi_v}{dA}$ 으로 표시되고, 단위는 lm/m^2 이다. 이 용어는 빛을 발하는 면적 광원 뿐이 아니라, 반사 또는 투과한 2 차 광원에도 적용된다. 사람의 눈에 느껴지는 밝기의 정도는 광출사도를 이용한다.

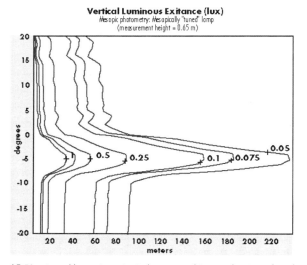

Vertical Luminous Exitance (lux)
Mesopic photometry: Mesopically "tuned" lamp
(measurement height = 0.65 m)

(출처 : http://www.lrc.rpi.edu/programs/Futures/projects/img/nv3.gif)

▶ 광휘도 대비 (Luminance Contrast)

보는 對象物(시 대상)과 그 주위의 배경과의 광휘도 차를 다음 식으로 표시한 양으로 대상물의 가시도를 좌우한다.

$C = | L_b - L_o | / L_b \times 100$ [%]

(C : 광휘도대비, L_b : 배경의 광휘도, L_o : 시 대상의 광휘도)

▶ 광휘도 (Luminance)

광원의 어느 방향으로의 빛의 밝기를 나타내며 광원의 단위면적(dA)에서 단위입체각($d\Omega$)으로 방출하는 광선속($d\Phi_v$)을 말한다. (단위는 cd/m^2) 아래식에서 θ : 면적 dA 에 수직한 방향과 빔의 방향과의 각도

$$L = \frac{d\Phi_v}{dA \cdot \cos\theta \cdot d\Omega}$$

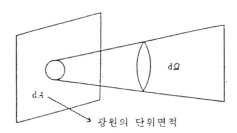

▷ 구역 광선속 (Zonal Flux)

구역의 상, 하 경계에 대응하는 단위 입체각을 통과하는 광선속(flux)

▷ 굴절률 (Refractive Index)

진공에서 어떤 매질로 빛이 입사할 때 그 매질의 굴절률은 진공중 복사의 속
도와 매질중의 복사의 속도와의 비

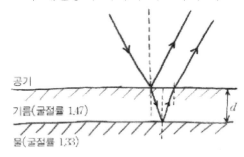

▷ 기구 광선속밀도(실내조명의) (Installation Flux Density)

조명기구들 개개의 전광선속(total luminous flux)값의 합을 바닥면적으로 나
눈 값
단위 : $lm.m^{-2}$

▷ 노광량 (Luminous Exposure, H_v; H)

주어진 기간동안 어떤점을 포함하는 표면요소에 입사하는 빛의 양 dQ_v 를 단
위면적 dA 면 요소로 나눈 값.
동일한 정의 : 주어진 시간 $\triangle t$ 에 걸쳐 주어진 점에서의 광조도 E_v의 시간적분
단위 : $lx \cdot s = lm \cdot s \cdot m^{-2}$

▶ **노면 광조도 (Road Illuminance)**

노면에 빛이 조사되는 정도를 의미하며, 노면 단위면적당 입사되는 광선속

▶ **노면 광휘도 (Road Surface Luminance)**

자동차 운전자의 눈으로 본 도로면의 광휘도. 일반적으로 말하는 노면광휘도
란, 투시적 분할법 또는 평면적 분할법에 의한 통상 시계에서 측정, 계산된
노면광휘도의 평균치를 말한다. 보통 시야범위내란 광휘도계를 주행차선 중
앙부 노면 위 1.5m 의 위치에서 전방 86m 지점을 중심으로 하는 시각 1 도의
범위를 말한다.

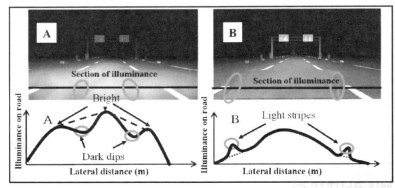

Figure 4:   Types of Inhomogeneous Light

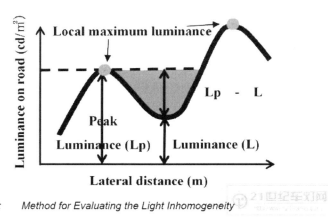

Figure 5:   Method for Evaluating the Light Inhomogeneity

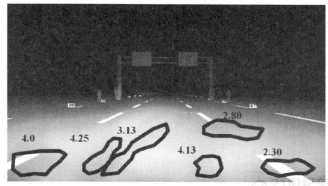

Figure 6:   *Experiment for Evaluating the Light Inhomogeneity*

(출처 : http://www.21-lamp.com/Article/Print.asp?ArticleID=1580)

▶ 단위면적당 조명전력 (Lighting Power Density)

어떤 공간에 필요한 조명환경을 얻기 위해 단위면적당 소요되는 총 조명 전기에너지를 뜻하며 단위는 W/㎡으로 나타냄

▶ 대칭 배광 (Symmetrical Luminous Intensity Distribution)

대칭축을 갖거나 적어도 하나의 대칭면을 갖는 광도분포

▶ 등가 광휘도 (Equivalent Luminance)

임의의 광휘도분포 및 분광분포를 갖는 광원의 시야에 시각계가 순응하고 있을때 이와 동일한 광휘도의 순응상태를 주었을 때 이 기준시야(비교시야) 광휘도를 등가광휘도라고 함. 기준시야의 조명에는 정해진 분광분포를 갖는 광원, 예를들어 백금의 응고점 온도(2 042 K)에 있는 흑체와 동일한 분광분포를 가진 광원을 이용한다.

▶ 등가에너지스펙트럼 (Equi-Energy Spectrum)

단위 파장폭당의 방사 에너지가 가시 파장 범위내에서 일정한 스펙트럼. 이러한 스펙트럼을 갖는 방사는 이상적인 백색 자극을 주며, 이를 에너지 백색이라하고 기호는 E 로 나타낸다.

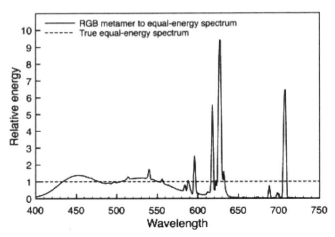

(출처 : http://www.sciencedirect.com/science/article/pii/S0042698911003099)

▶ 등광조도 곡선 (Isoilluminance Curve)

어떤 면위의 등조도 점을 연결한 곡선. 어떤 면위의 밝기(광조도)의 분포상태를 표현하기 위해 이용하며, 지도상에 나타나 있는 등고선과 동일하게 광조도가 같은 점을 연결한 몇 개의 곡선으로 구성. 곡선의 간격이 조밀할수록 광조도변화가 심하며 간격이 듬성듬성한 곳은 광조도가 완만하게 변화하는 것을 나타냄.

▶ 등기구 효율 (Light Output Ratio)

등기구를 규정상태에서 측정한 전광선속(total luminous flux)과 동일한 램프를 규정된 조건하에서 조명기구의 외부에서(조명기구에서 분리하여) 측정한 램프의 전광선속과의 비

▶ 램버시안 표면 (Lambertian Surface)

어떤 면의 법선방향의 복사강도 I_{en} [W/sr] 과 θ방향의 복사강도 $I_e(\theta)$ [W/sr] 사이, 또는 법선 방향의 광도 I_{vn} [cd] 과 θ방향의 광도 $I_v(\theta)$ [cd] 사이에 램버트의 여현법칙(램버트의 법칙 또는 간단하게 여현법칙이라고 하는 경우도 있다)을 따르는 표면

▶ **럭스 (Lux)**

광조도의 단위 [lx]로 나타낸다. 국제 단위계(SI)로 정해져 있으며 1 [lx]는 광속 1[lm]의 빛으로 면적 1[㎡]의 면을 균등하게 조사했을 때 그 면상의 각 점의 광조도 크기

▶ **루멘 (Lumen)**

광선속의 단위로 [lm]으로 나타내며 국제 단위계(SI). 1 [lm]은 모든 방향으로 동일하게 1[cd] 의 광도를 가진 점광원에서, 입체각 1[sr]의 원뿔 모양 안으로 방출하는 광선속의 크기. 파장 555[nm], 복사속 1/683[W]의 단색방사 광선속은 1[lm]이다.

▶ **반사 눈부심 (Reflection Glare)**

시 대상물에 광원 또는 고휘도 부분이 비추어져 문자 등이 읽기 어렵게 되는 것

▶ **반사 (Reflection)**

단색광 성분의 복사가 주파수의 변경없이 표면 혹은 매질에 의해 되돌아가는 과정

▶ 반사율 (Reflectance)

어떤 물체에 입사한 복사속 또는 광선속에 대한 반사한 복사속 또는 광선속의 비를 반사율이라고 한다.

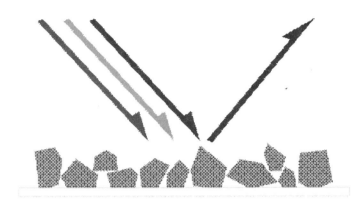

(출처 : http://en.wikipedia.org/wiki/File:Simple_reflectance.svg)

▶ 반치각(Half-Value Angle, γ)

빛이 직각으로 입사했을 때 각도 0°에서 산란된 빛의 광휘도의 반값이 되는 광휘도에서의 관측각

▶ 발광 스펙트럼 (Luminescence)

규정된 여기에서 발광물질에 의해 방출되는 복사의 분광분포.
원자나 분자 또는 그 집합체가 높은 에너지준위로부터 낮은 에너지준위로 전이할 때 방출하는 전자기파 스펙트럼으로 흡수스펙트럼과 구별하기 위하여 이렇게 부르며, 발광스펙트럼 또는 복사스펙트럼이라고도 한다. 원자마다 양자화 된 일정한 에너지 값을 가지므로 에너지 차이로 생기는 전자기파의 값이 원자마다 다르게 나타나게 된다.

▶ 배광 측정기 (Goniophotometer)

광원, 조명기구, 매체 혹은 표면 등의 방향성 및 분포 특성을 측정하기 위한 측광기

(출처 : http://ledsmagazine.com/news/8/12/24/Creev212212011)

▶ 배광 (Distribution of Luminous Intensity)

광원 혹은 조명기구의 각 방향에 대한 광도의 분포를 말하며, 얼마나 강한 빛
이 어느 방향으로 나오고 있는가를 나타내는 것

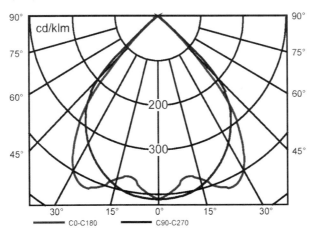

(출처 : http://www.opteema.com/en/technoteam_rigo.html)

▶ **배광분포 (Luminous Intensity Distribution)**

광원 또는 조명기구의 각 방향에 대한 광도의 분포

▶ **법선 광조도 (Normal Illuminance)**

광원이나 조명기구에서 나오는 빛의 입사방향에 수직인 면상의 광조도. 즉, 광조도를 구하는 점을 포함하고, 광중심과 그 점을 연결하는 선분에 수직인 면이 받는 광조도

▶ **복사 (Electromagnetic] Radiation)**

전자파의 형태로 에너지가 방출 또는 전달되는 현상이나 이 전자파 자체를 복사라고 한다. 전자파로서의 복사는 파동성과 입자성의 상이한 양면적인 성질을 갖고 있으며, 이 두 가지 성질이 복사의 모든 현상을 상보적으로 설명할 수 있다. 예를들어 회절과 간섭현상은 파동성으로, 광전현상은 입자성으로 설명된다. 파장에 따라 적외선, 가시광선, 자외선, X 선, 감마선, 우주선으로 구분된다.

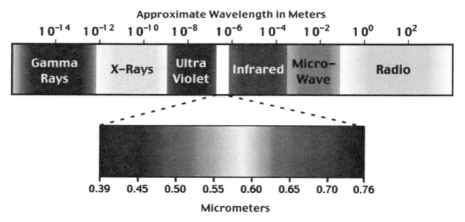

(출처 : http://www.physicalgeography.net/fundamentals/6f.html)

▶ 복사 노출량 (Radiant Exposure, H_e; H)

주어진 기간 동안 어떤 점을 포함하는 표면요소의 단위면적당(dA) 입사하는 복사에너지(dQ_e)

동일한 정의 : 주어진 시간 $\triangle t$ 동안 주어진 점에서의 복사조도 E_e의 시간적분

(단위 : $J \cdot m^{-2} = W \cdot s \cdot m^{-2}$)

$$H_e = \frac{dQ_e}{dA} = \int_{\triangle t} E_e \cdot dt$$

비고 : 여기에서 정의된 노출양은 X선과 γ선 영역에서 사용되는 노출양(단위 : $c \cdot kg^{-1}$)과 혼동해서는 안 된다.

▶ 복사도 (Radiant Intensity)

방사원으로부터 어떤 방향으로 향하는 복사속의 단위 입체각당 비율 단위 시간에 점 방사원에 어떤 방향으로 복사되는 복사 에너지를, 그 방향을 포함한 단위 입체각당의 복사속으로 환산한 값. 기호 I_e, 단위 W/sr 이다.

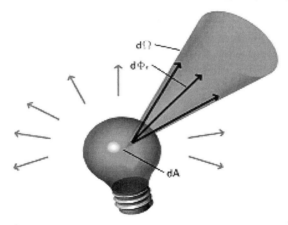

(출처 : http://www.light-measurement.com/basic-radiometric-quantities/)

▶ 복사량(Radiant Quantities)

복사 에너지 및 이 값의 단위 시간당 비율, 이들의 면적밀도, 입체각 밀도, 면적밀도와 입체각 밀도를 총칭한다. 예를들어 복사에너지, 복사속, 복사조도, 복사도, 복사휘도를 들 수 있다.

▷ 복사속 (Radiant Flux)

단위 시간당 복사에너지의 비율을 복사속 또는 복사출력이라고 한다. 이 경우 공간을 규정하는 개념이 포함되어 있지 않으므로 「어느 면을 통과한다」나 「어느 입체각에 포함된다」를 부가해서 사용하는 경우가 많다. 기호에는 Φ_e, Φ 를 이용한다.

단위 : W

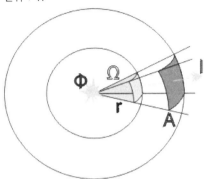

(출처 : http://www.lepla.edu.pl/en/modules/Activities/m07/m07-theo.htm)

▷ 복사에너지 (Radiant Energy, Q_e; Q)

전자파 형태로 방출되어 전파 또는 입사하는 에너지를 복사에너지라고 한다. 기호로는 Q_e, Q 를 이용한다. (단위 : J)

동일한 정의 : 주어진 시간 $\triangle t$ 에서의 복사속 Φ_e

$$\phi_e = \int_{\triangle t} \Phi_e \cdot dt$$

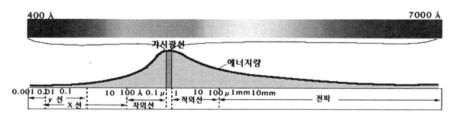

(출처 : http://castor84.tistory.com/?page=8)

▶ 복사조도 (Irradiance)

복사조도는 단위 면적(dA)당 입사하는 복사속(dΦ_e)으로 주어진다. 기호에는 E_e, E 를 이용한다. (단위 W/㎡)

$$E_e = \frac{d\phi_e}{dA}$$

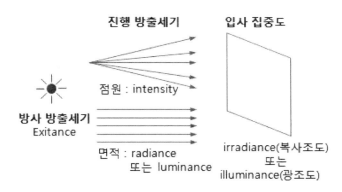

(출처 : http://www.ktword.co.kr/abbr_view.php?nav=2&m_temp1=4520&mgid=376)

$$E_e = \frac{d\phi_e}{dA}$$

▶ 복사출사도 (Radiant Exitance, M_e; M)

어느 점을 포함하는 면의 요소로부터 단위면적(dA) 당 방출되는 복사속 (dΦ_e)
(단위 : W · m^{-2})

동일한 정의 : 주어진 점에서 L_e · cos θ · dΩ로 표현되는 반구에 걸친 적분. 여기에서 L_e는
입체각 dΩ로 방출되는 기본빔의 여러 방향 중 주어진 점에서의 복사휘
도이며, θ는 주어진 점에서 표면과 직각인 방향과 이들 빔사이의 각을
의미한다.

$$M_e = \frac{d\Phi_e}{dA} = \int_{2\pi sr} L_e \cdot \cos\Theta \cdot d\Omega \,, \qquad M_e = \frac{d\Phi_e}{dA} = \int_{2\pi sr} L_e \cdot \cos\theta \cdot d\Omega$$

▶ 복사효율 (Radiant Efficiency)

복사체에서의 복사속과 여기에 공급된 단위 시간당의 소비 에너지(소비전력)
와의 비

비고 : 광원에 의해 소비되는 전력에 안정기와 같은 부대장치에 의해 전력 오차가 있는지 없는
지를 규정해 놓아야 한다.

▶ 복사휘도 (Radiance)

광원의 단위면적(dA)에서 단위입체각(dΩ)으로 방출하는 복사속(dΦ$_e$)으로 정의되는 양

(단위 : W. m^{-2}. sr^{-1})

$$L_e = \frac{d^2 \Phi_e}{dA \cdot \cos \Theta \cdot d\Omega}$$

여기에서 θ : 면적 dA 에 수직한 방향과 빔의 방향과의 각도

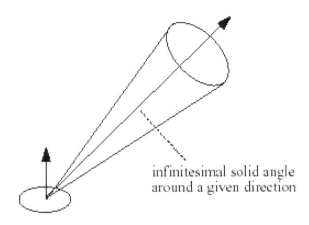

infinitesimal solid angle
around a given direction

oriented differential surface

(출처 : http://azzrael.wo.to/study/graphic3d/illumi/phyillum.htm)

▶ 복사휘도율 (Radiance Factor, β$_e$; β)

주어진 방향에서의 표면 요소의 복사와 동일하게 조사된 완전 반사 혹은 투과 확산면의 복사의 비.

비고 : 발광 매질에서는 복사휘도율이 반사된 복사휘도율 β$_s$와 발광된 복사 휘도율 β$_L$의 합이다.

$$B_e = \beta_s + \beta_L$$

▶ 분광 (Spectral)

전자기 방사에서의 양 X 를 언급할 때 파장 λ의 함수 X(λ)로 표시하거나 스펙트럼 농도 X$_\lambda \equiv$ dX/dλ로 표시

▷ 분광밀도 (Spectral Concentration)

어느 파장을 중심으로 하는 미소 파장폭 안에 포함되는 복사속이나 복사휘도 같은 복사량의 단위 파장당 비율을 말한다. 기호는 $X_{e,\lambda}$ 단위는 [(복사량의 단위)/m]이다. 즉, 미소파장 $d\lambda$ [단위: m]안의 복사량이 dX_e [복사량의 단위]이면 분광밀도 $X_{e,\lambda}$ 는 $X_{e,\lambda} = dX_e/d\lambda$ 가 된다. 일반적으로「복사휘도의 분광밀도」처럼 복사량의 종류를 같이 기록한다. 단,「분광」이라는 수식어의 사용에 관한 약속에 따라 이것을「분광 복사휘도」라고 하는 경우도 있다.

▷ 분광시감효율 (Spectral Luminous Efficiency)

특정한 관측조건하에서 파장 λ_m 인 단색방사와 파장 λ 인 단색방사가 눈에 들어와 같은 밝기의 광감각이 생길때 파장 λ_m 의 복사휘도에 대한 파장 λ 의 복사휘도의 비의 역수

▷ 상대 분광분포 (Relative Spectral Distribution)

어떤 값을 기준으로 취하여 분광분포를 상대적으로 표시한 것(분광분포의 상대 값) 기준치로는 분광분포의 최대치, 특정 파장에서의 값, 분광분포에서 구한 측광량의 값 등을 사용한다. 분광 분포의 상대치. 양의 기호 $S(\lambda)$ 또는 $P(\lambda)$ 로 표시한다.

비고 : 혼동할 염려가 없는 경우에는 분광 분포라고 하는 것이 보통

▷ 수직면 광조도 (Vertical Illuminance)

법선 광조도의 관찰 방향 광조도. 즉, 광조도를 구하는 점을 포함한 수직면이 받는 광조도를 말한다.

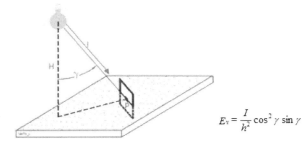

$$E_V = \frac{I}{h^2} \cos^2 \gamma \sin \gamma$$

(출처 : http://www.schreder.com/be-en/LearningCentre/LightingBasics/Pages/Vertical-illuminance.aspx)

▶ 수평면 광조도 (Horizontal Illuminance)

광원 또는 조명기구에서 나오는 빛의 수평면상의 광조도, 즉, 광조도를 구하는 점을 포함한 수평면이 받는 광조도이다.

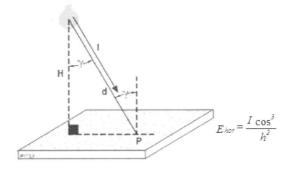

$$E_{hor} = \frac{I \cos^3}{h^2}$$

(출처 : http://www.schreder.com/en-aes/LearningCentre/LightingBasics/Pages/Horizontal-illuminance.aspx)

▶ 스펙트럼 (Spectrum)

복사광을 분해해서 그 파장이나 주파수 순서로 나열한 것

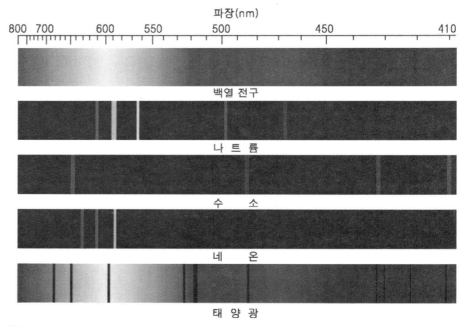

(출처 : http://phyux2.ks.ac.kr/ymp/data/others/universe_of_man/light/spectrum.htm)

▶ 시감 측색 (Visual Colorimetry)

눈을 이용한 색자극 사이의 양적인 측색

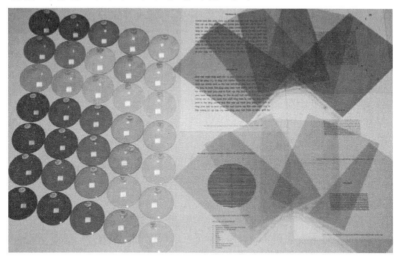

(출처 : http://www.aoconnoropticians.ie/colorimetry-coloured-lens-a-o-connor-opticians-midleto
n-cork-.html)

▶ 시감효율

(380~780)nm 의 범위 전자파만이 빛으로서 인간의 눈에 보이지만, 그 보이는
형태는 한결 같지 않다. 400nm(자색)이라든지 700nm(적색)이라든지 하는 끝
부분은 잘 보이지 않고 가운데 주변의 555nm(녹색)근처가 제일 잘 보이는 것

▶ 실효광도 (Effective Intensity)

상대 분광분포가 동일한 섬광과 정상적인 광을 동일조건에서 비교 관측하
여 양자의 가시거리 또는 시거리가 동일한 수치로 되었을 때의 정상적인
광의 광도

비고 : 실제 섬광의 밝기를 눈으로 보아 이것과 동등한 밝기로 느끼는 정상광의 광도로 표시하
는 경우가 많다.

▶ 어두운 빛 시감 (Scotopic Vision)

암순응이 끝난 시점에서 눈의 작용(파장별 감응도)

▶ 원통면 복사노광량 (Radiant Cylindrical Exposure, $H_{e,z}$; H_z)

주어진 기간 $\triangle t$ 동안 주어진 방향에서 주어진 점에서의 원통면 복사조도 $E_{e,z}$ 의 시간적분

단위 : $J \cdot m^{-2} = W \cdot s \cdot m^{-2})$

$$H_{e,z} = \int_{\Delta t} E_{e,z} \cdot dt$$

▶ 원통면 복사조도 (Cylindrical Irradiance, $E_{e,z}$; E_z)

$E_{e,z} = \frac{1}{\pi} \int_{\pi} L_e \cdot \sin\varepsilon \, d\Omega$ 로 표시되는 양. 여기에서 $d\Omega$ 는 주어진 점을 통과하는 기본짐 각각의 입체각이며, L_e 는 그 점에서 기본점의 복사휘도이며, ε 는 그 점과 주어진 방향사이의 각이다 언급되지 않는 한 그 방향은 수직이다.

단위 : $W \cdot m^{-2}$

비고 1. 이 양은 축이 주어진 방향에 있고 주어진 점을 포함하는 무한히 작은 원통의 외곽 곡면에 입사하는 모든 복사원의 복사선속을 그 축을 포함하는 면에서 측정한 원통단면적의 4π 배로 나눈값이다.

▶ 입체각 (Steradian, sr)

한 구의 표면에서 그 구의 반지름의 제곱과 같은 넓이의 표면을 자르고 그 구의 중심을 꼭지점으로 하는 입체각의 SI 단위.

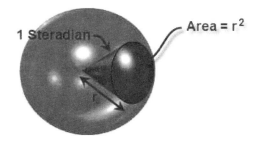

(출처 : http://www.mathsisfun.com/geometry/steradian.html)

▶ 재귀반사 (Retroreflection)

복사빔이 입사된 정반대 방향으로 되돌아 가는 반사를 말하며, 이 특성은 입사광선의 방향의 변동 전반에 걸쳐 유지

▶ **전광선속 유지율 (Luminous Flux Maintenance Factor; Lumen Maintenance)**

램프를 규정조건하에서 동작시켰을 때 초기 광선속에 대한 수명 중 주어진 시간에서의 광선속의 비

비고 : 이 비는 일반적으로 %로 표현된다.

▶ **전광선속 (Total Luminous Flux)**

광원이 모든 방향으로 방출하는 광선속

▶ **전반사 (Total Reflection)**

빛의 입사각이 임계각보다 클 경우 빛은 매질을 투과하지 못하고 100% 반사되는 현상

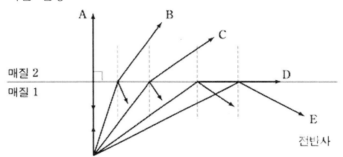

(출처 : http://terms.naver.com/entry.nhn?docId=941104&mobile&categoryId=3439

▶ **점광원 (Point Source)**

조사면과 광원사이의 거리가 충분히 멀어 거리의 역자승 법칙이 성립한다고 볼 수 있는 복사원

▶ **조명률 (Coefficient of Utilization)**

작업면에 도달하는 조명기구로부터의 광선속과 그 조명기구에 사용되고 있는 램프 개개의 광선속의 합에 대한 비

▶ **주광 궤적 (Daylight Locus)**

상이한 상관색온도를 갖는 주광의 색도를 나타내는 색좌표 상의 점 궤적

▶ 주파장 (Dominant Wavelength)

단일 주파수를 갖는 빛의 파장으로써, 시료의 색도를 표시하는 색도도 상의
점 및 백색점을 맺는 직선과 스펙트럼 궤적과의 교점에서의 파장

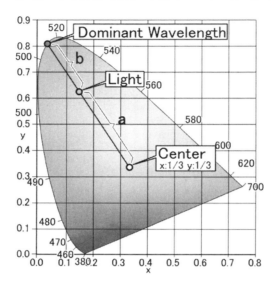

(출처 : http://ja.wikipedia.org/wiki/%E3%83%95%E3%82%A1%E3%82%A4%E3%83%AB:CIE_Lighting_
(dominant_wavelength,_color_purity).PNG)

▶ 최대 분광시감효능 (Maximum Spectral Luminous Efficacy)

CIE 표준관측자의 상대분광시감효능 값이 최대로 되는 파장에서의 분광시감
효능

▶ 칸델라 (Candela)

국제 단위계에서 7 개 기준단위 중 하나로서 광도의 단위 (cd)

▶ 편광 (Polarized Light)

전기벡터의 방향이 규칙적으로 한정되어 있는 빛

▶ 평균구면광도(Mean Spherical Luminous Intensity)

전광선속을 입체각 4π sr 으로 나눈 값과 동일한 모든 방향에서의 광원 광도
의 평균값

▷ **표준광원 (Standard Light Source)**

다른 광원과 비교하기 위해 기준이 되는 광원

▷ **푸르키네 현상 (Purkinje Phenomenon)**

빨강 및 파랑의 색자극을 포함하는 시야 각 부분의 상대 분광분포를 일정하게 유지하여 시야 전체의 광휘도를 일정한 비율로 저하시켰을 때에 빨간색 색자극의 밝기가 파란색 색자극의 밝기에 비하여 저하되는 현상

▷ **환산조명률 (Reduced Utilization Factor)**

기준면에서의 평균광조도에 대한 설치램프의 광선속 밀도의 비

▷ **흑체궤적 (Planckian Locus)**

상이한온도에서 흑체 복사의 색좌표를 나타내는 색좌표 상의 점 궤적

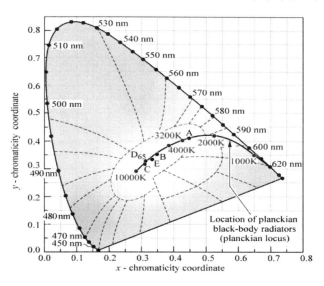

(출처 : http://www.nano-reef.com/forums/lofiversion/index.php/t311998.html)

LED조명용어집

Chapter **04** 색   채

▶ 3자극치 (Tristimulus Values)

표준화된 조건에서 빨강, 초록, 파랑이라는 3 원색에 대해 시각적으로 대응하는 특정 색자극인 원자극의 값

▶ CIE 1931 (CIE 1931 Standard Colorimetric System XYZ Standard Colorimetric System)

국제조명위원회(CIE)에서 1931 년에 제정한 표준 측색(測色) 시스템으로 CIE(L*a*b) 균등 색 공간이라는 균등 색차 색도 시스템을 기초로 한 측색 시스템

▶ CIELAB 색공간 (CIELAB Colour Space)

인간 감성에 접근하기 위하여 연구된 결과로 인간이 색채를 감지하는 노랑-파랑, 초록-빨강의 반대색설에 기초하여 CIE 에서 정의한 색 공간

▶ 가법혼색 (Additive. Color Mixture)

혼합한 색이 원래의 색보다 명도가 높아지는 색광의 혼합으로 2 종류 이상의 색광을 혼합할 경우 빛의 양이 증가하기 때문에 명도가 높아짐

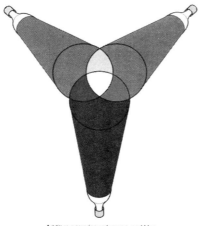

Additive primaries red, green, and blue

(출처 : ROY S. BERNS 지음, 조맹섭·김창순·강병호·김동호 옮김, 색채학원론, PRINCIPLES OF COLOR TECHNOLOGY, 시그마프레스, 2003, p.173)

▶ 간상체 (Rod)

원통형의 수광용기로서 간상체는 망막의 주변부에 많이 존재하며 감도가 높고 주로 암소시라고 불리는 어두운 상태일 때 작용

▶ 개구색 (Aperture Color)

작은 구멍을 통해서 들여다 볼 때 가시광선이 우리의 눈을 통하여 가시적으로 느껴지는 색. 빛으로 자극하는 물체에 대해서 아무런 지각을 일으키지 않는 조건에서 순수히 색만을 느끼는 상태

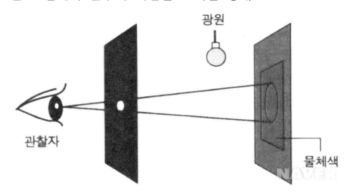

(출처 : 색채용어사전, 박연선, 2007, 도서출판 예림)

▶ 광원색 전이 (Illuminant Color Shift)

사물을 인지하는 관측자에게는 어떠한 변화도 생기지 않은 상태에서 광원의 변경에 의해 사물의 색이 변화하는 현상

▶ 광원색 (Light Source Color)

광원에서 발하는 빛의 색으로 광원색에는 태양의 빛이나 형광등·수은등 등이 있는데 각각 파장마다의 방사 에너지의 강도가 다르기 때문에 광원의 종류에 따라서 빛의 색이 다름

▶ 광원색

점등한 광원의 색을 말하며, 일반적으로 색온도 또는 상관색온도로 나타냄

▶ **광원색도전이 (Illuminant Colorimetric Shift)**

광원색전이 발생 중 물체의 표면에서 반사 또는 발산되는 빛의 광휘도와 채도의 변화

▶ **광휘도(Luminance)**

광원의 단위 면적당 밝기의 정도. 발광원 또는 투과면이나 반사면의 표면 밝기로 단위는 cd/m^2

▶ **균등 색공간 (Uniform Color Space)**

동일한 크기로 지각되는 색차가 공간 내의 동일한 거리와 대응하도록 의도한 색공간

▶ **눈부심 (Glare)**

과잉의 휘도 또는 과잉의 휘도 대비 때문에 불쾌감이 생기거나 또는 대상물을 지각하는 능력이 저하될 수 있는 시각의 상태

▶ **등색함수 (Color Matching Functions)**

주어진 3색 표색계(表色系)에서 등(等)에너지 스펙트럼의 단색 성분 3자극치를 파장의 함수로 하여 나타내는 것

▶ **대비 (Contrast)**

질적으로나 양적으로 서로 다른 두개의 요소가 동시적으로나 계속적으로 배열될 때, 상호의 특징이 한층 강하게 느껴지는 현상(밝기대비, 명도대비, 색대비 등)

▶ 망막 (Retina)

색자극에 민감하고 눈의 뒤쪽에 위치한 얇은 막으로 수정체, 간상염색체, 원
추체로 이루어지며 수광기로 부터의 신호를 신경세포로 전송하는 신경세포
를 가지고 있음

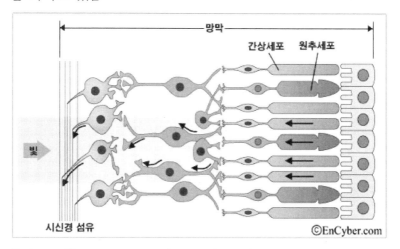

(출처 : http://www.doopedia.co.kr/doopedia/master/master.do?_method=view&MAS_IDX=101013000
840184)

▶ 명순응 (Light Adaptation)

어두운 곳에서 갑자기 밝은 곳으로 이동시 밝기에 적응하기까지의 순응

▶ 물체색 (Object-Color)

스스로 빛을 내는 것이 아니라 햇빛 따위의 빛을 받아 반사나 투과에 의해서
생기는 색

▶ 발광색 (Luminous Color)

1차 광원으로부터 방출되는 빛이나 이러한 빛으로부터 반사되어 나타나는 대
상체에서 감지된 색

▶ 밝기 (Brightness)

빛을 발하는 대상, 또는 빛을 반사하거나 투과하는 대상을 봤을 때 시각계가
지각하는 명암에 관한 심리적인 양

▶ 밝은빛시감 (Photopic Vision)

보통 혹은 비교적 높은 수준의 광휘도(수 cd/㎡ 이상)인 데서 물체를 보는 것 또는 보고 있는 상태. 생리학적으로 말하면 시각계의 추체만으로 물체를 보는 것

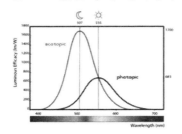

(출처 : http://memsco-asia.com/products/prismalence/vision/)

▶ 보조 시야 (Surround of a comparison)

시감 색채계의 관측 시야 주위의 시야. 보통은 무채색의 빛으로, 특정한 광휘도를 갖도록 만듦

[한국산업규격KS에서의 용어설명] 표면색의 비교에서 보조 시야로서 이용하는 관측창이 뚫려진 종이를 마스크라고도 함

▶ 분광 반사율 (Spectral Reflection Factor)

물체색이 스펙트럼 효과에 의해 빛을 반사하는 각 파장별(단색광) 세기. 물체의 색은 표면에서 반사되는 빛의 각 파장별 분광 분포(분광 반사율)에 따라 여러 가지 색으로 정의

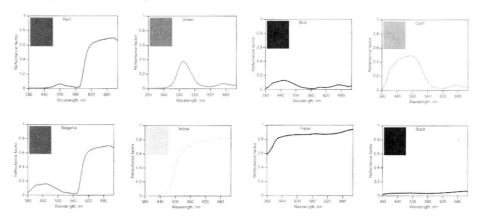

(출처 : ROY S. BERNS지음, 조맹섭·김창순·강병호·김동호 옮김, 색채학원론, PRINCIPLES OF COLOR TECHNOLOGY), 시그마프레스, 2003, p.12)

▶ 분광 복사 휘도율 (Spectral Radiance Factor)

동일 조건으로 조명 및 관측한 물체의 파장 λ에 있어서 분광 복사 휘도 $L_{es\lambda}$ 와 완전 확산 반사면 또는 완전 확산 투과면의 파장 λ에 있어서 분광 복사 휘도 $L_{en\lambda}$의 비 $L_{es\lambda}/L_{en\lambda}$

▶ 분광 입체각 반사율 (Spectral Reflectance Factor)

동일 조건으로 조명하고, 한정된 동일 입체각 내에 물체에서 반사하는 파장 λ의 분광 복사속 $\Phi s\lambda$ 와 완전 확산 반사면에서 반사하는 파장 λ의 분광 복사속 $\Phi n\lambda$의 비 $\Phi s\lambda/\Phi n\lambda$. 양의기호 $R(\lambda)$로 표시

▶ 분광 투과율 (Spectral Transmittance)

투과율을 파장의 함수로서 표시한 것. 보통 기호 $\tau(\lambda)$를 사용

▶ 분광분포 (Spectral Distribution)

빛이 프리즘을 통과하며 파장별로 분리된 색의 양을 그래프로 표시한 것. 파장이 길어짐에 따라 남색＞파랑＞초록＞노랑＞주황＞빨강으로 색상이 변하여, 파장에 따라 다른 분광 분포를 형성

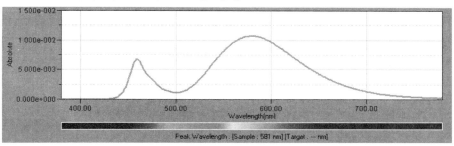

LED광원의 분광분포(3163K)

▶ 분광시감효능 (Spectral Luminous Efficacy)

단색복사에 대하여 방사량에서 측광량을 유도하는 변환계수

▶ 분광시감효율 (Spectral Luminous Efficiency)

특정한 관측조건하에서 파장 λ_m 인 단색방사와 파장λ인 단색복사가 눈에 들어와 같은 밝기의 광 감각이 생길 때 파장λ_m 의 복사휘도에 대한 파장λ의 복사휘도의 비의 역수를 말함

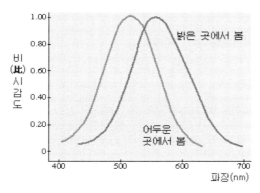

(출처 : http://www.doopedia.co.kr/doopedia/master/master.do?_method=view&MAS_IDX=101013000 849364)

▶ 불능글레어 (Disability Glare)

시야에서 대상물 보다 현저한 낮은 밝기로 인한 눈부심으로 대상물을 보기 어렵게 되는 것을 말함

▶ 불쾌글레어 (Discomfort Glare)

시야에서 대상물보다 현저하게 밝은 부분으로 인한 눈부심으로 대상물을 보기 힘들어지게 되는 빛에 의한 불쾌감

▶ 비발광 물체색 (Nonluminous Color)

2 차 광원으로 부터 전송되거나 반사된 빛이 나타나는 대상 체에서 감지된 색

▶ 빛 (Light)

시각계에 생기는 밝기 및 색의 지각·감각. 눈에 들어와 시 감각을 일으킬 수 있는 360~400nm 에서부터 760~830nm 사이의 자외선부터 적외선 파장 범위에 이르는 전자파로 가시광선이라고도 함

▶ 빛의 3원색 (Primary Color)

기본적인 3 가지 색광(色光)으로 빨강(赤: red)·초록(綠: green)·파랑(靑: blue)색 을 말하며, 이들 3 가지 색을 서로 혼합하면 여러 가지 다른 색이 되는데 빛의 경우에서는 가색법(加色法)을 사용하여 혼합

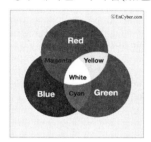

(출처:http://terms.naver.com/entry.nhn?cid=200000000&docId=1271544&categoryId=2000 00457&mobile)

▶ 삼색표색계 (Trichromatic System)

심리적 물리색을 표시하는 체계로 세 가지 색자극에 기초한 색의 표시. 임의 로 선택한 3 개의 표색계를 혼합한 조화색을 근거로 하여 3 자극치로 색자극을 규정하기 위한 시스템

▶ 상관색온도 (Correlated Color Temperature)

규정된 관측 상태에서 동일 밝기의 주어진 광원색과 가장 유사하게 감지된 색의 흑체온도

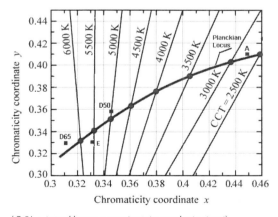

(출처 : http://www.marcelpatek.com/color.html)

▷ **색 공간 (Color Space)**

일반적으로 적·녹·청 3 원색의 조합으로 표현되는 색 모델 좌표계에서 나타낼
수 있는 색상의 범위

▷ **색각이상 (Defective Color Vision)**

망막 원뿔세포의 선천적 기능 이상 또는 후천적인 망막 원뿔세포의 손상이나
시각 경로의 이상으로 색깔을 정상적으로 구분하지 못하는 현상

▷ **색도(색좌표계) (Chromaticity Coordinates)**

3 자극치 X, Y, Z 들의 합에 대한 비를 좌표로 나타낸 것. 주파장과 순도에 의
한 색자극의 측색적 성질을 말함

▷ **색맹 (Color Blindness)**

색채 지각의 이상 현상. 추상체의 기능이 전혀 없어서 모든 색을 구별하지 못
하고 단지 명암(明暗)이나 농담(濃淡)만을 느끼는 경우를 전색맹(또는 전색각
이상)이라 하며 빨강과 초록색만 회색으로 보이는 것을 적록 색맹, 청과 황색
만이 회색으로 보이는 것을 황청 색맹이라 함

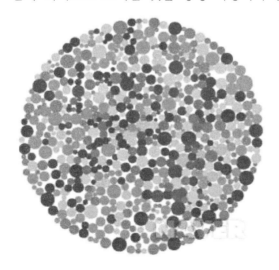

(출처 : http://terms.naver.com/entry.nhn?cid=3071&docId=959215&mobile&categoryId=3071)

▶ 색상 (Hue)

적, 황, 녹, 청 등과 같은 색의 종류를 나타내는 속성을 말하며 빛의 분광분포에 따라 결정됨

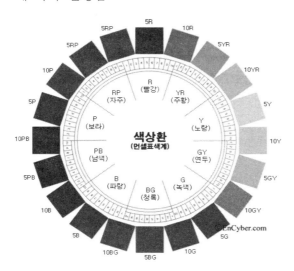

(출처:http://terms.naver.com/entry.nhn?cid=200000000&docId=1110296&mobile&categoryId=200000872)

▶ 색순응 (Chromatic Adaptation)

서로 다른 분광분포의 효과로 인한 자극에 대한 순응으로 색광에 대하여 눈의 감수성이 순응하는 과정 또는 그런 상태를 말함

▶ 색약 (Incomplete Color Blindness)

세 종류의 추상체가 모두 존재하지만 그 중 하나 또는 두 종류의 세포가 기능적으로 부실하거나 어느 하나가 현저히 적어서 빛이 약할 때나 먼 곳을 바라볼 때 색을 잘 구별하지 못하는 것

▶ 색역 (Color Gamut)

특정 조건에 따라 발색되는 모든 색을 포함하는 색도 그림 또는 색공간 내의 영역

▶ **색의 현시 (Color Appearance)**

어떤 색채가 매체, 주변 색, 광원, 조도(照度)등이 서로 다른 환경에서 관찰될 때 다르게 보이는 현상으로 분석적 지각이 아닌 감성적, 시각적 지각 측면에서 외양상 보이는 대로 지각하게 되는 것을 의미

▶ **색자극 함수 (Color Stimulus Function)**

색자극을 복사량의 분광밀도에 따라 파장의 함수로 표시한 것. 양의 기호 φ $\lambda(\lambda)$로 표시

▶ **색자극 (Color Stimulus)**

가시방사가 눈으로 들어와 유채색이나 무채색의 색감을 일으키는 것

▶ **색지각 (Color Perception)**

색감각에 기초하여 대상인 색의 상태를 인지하는 것으로 눈이 물체의 색깔에 의한 자극을 받아 생기는 효과. 눈은 명암(명도), 색상 및 포화도(또는 채도)의 세 가지(색의 3 속성)를 지각

▶ **색차 (Color Difference)**

표준으로 정해둔 색과 비교하고자 하는 시료 색과의 주파장, 분광률, 포화도 등의 세 가지 요소들의 차이

▶ **색온도 (Color Temperature)**

광원의 색온도는 광원의 하얀색, 노란색 또는 파란색의 수치가 어느 정도이며, 얼마나 따뜻하고 차가운 분위기의 조명을 제공하는지를 말함

▶ **스펙트럼궤적 (Spectrum Locus)**

색도도 혹은 3 자극 공간에서 단색광 자극을 나타내는 점의 궤적

▶ **순응 (Adaptation)**

시각의 감도가 시야의 빛 자극이나 색 자극에 적응하여 변화하는 것

▶ **시감 반사율 (Luminous Reflectance)**

물체의 면에서 입사하는 광속에 대한 물체의 면에 반사되는 광속과의 비율

▶ **시감 투과율 (Luminous Transmittance)**

물체를 투과하는 광속과 물체에 입사하는 광속과의 비율

▶ **시감효율 (Luminous Efficiency)**

가시광선(可視光線)이 주는 밝기의 감각이 파장에 따라서 달라지는 정도를 나타내는 것으로 어떤 복사체에서 발하는 파장 λ의 복사속(輻射束) Φ_λ와 그에 의해서 생기는 광선속 F_λ와의 비

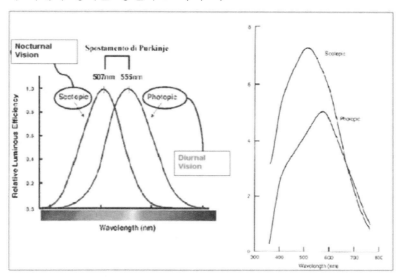

(출처 : http://blog.naver.com/PostView.nhn?blogId=uljuk&logNo=130028998368&parentCategoryNo=2&viewDate=&currentPage=1&listtype=0)

▶ **암순응 (Dark Adaptation)**

감각기관에 주는 자극에 적응하여 그 감수성이 차차로 바뀌는 과정이나 변화된 상태를 순응이라고 부르는데 어두운 장소에서 간상체가 주로 작용하는 경우의 광휘도순응

▶ **양성잔상 (Positive Afterimage)**

원래 자극 또는 색이나 밝기가 같은 잔상으로 장소가 어둡거나 색을 관찰하는 시간이 짧을 때 주로 일어남

▶ **어두운 빛 시감 (Scotopic Vision)**

눈이 어둡고 낮은 휘도 레벨(수 10^{-2} cd/㎡ 이하의 휘도)에 순응하고 주로 간체(桿體)만이 작용하며 시각을 주는 추체(錐體)가 거의 작용하지 않는 시각의 상태

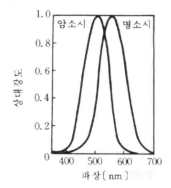

(출처 : http://terms.naver.com/entry.nhn?cid=575&docId=786705&mobile&categoryId=1657)

▶ **역치 (Threshold Value)**

자극역과 식별역의 총칭. 자극의 존재 또는 2 가지 자극의 차이가 지각되는가의 경계가 되는 자극 척도상의 값 또는 그 차이

▶ **연색 (Color Rendering)**

사용되는 조명 빛의 차이에 따라 생기는, 물건이 보이는 정도의 변화 현상

▶ **연색지수 (Color Rendering Index, CRI)**

태양광을 사물에 조사했을 때와 기타 인공적으로 제작한 조명을 조사했을 때 사물의 색깔이 달라지는 정도를 나타내며, 사물의 색깔이 태양광에서와 같을 때 CRI 값을 100 으로 정의

▷ **연색지수 (Color Rendering Index)**

　　인공 조명에 의한 물체의 색보기 비율로 기준은 천연 주광이고 이것에 가까
　　울수록 충실하게 보임

▷ **음성잔상 (Negative Afterimage)**

　　자극을 받은 빛과는 명암이 반대가 되어 그 보색이 나타나는 것을 말함

▷ **자극 (Stimulus)**

　　생물에 작용하여 특정의 반응을 일으키는 요인으로 수용기에 주어지는 물리
　　적인 에너지. 외부의 조건 변화에 따라 생물체에 특유한 활동이 왕성해지는
　　것을 생물체가 흥분했다고 하며 흥분을 일으키는 원인이 된 외부의 조건 변
　　화를 말함

▷ **자극역 (Stimulus Limen)**

　　생체에 반응을 일으키게 하는 최소한의 자극. 유효자극 중에서 최소의 것을
　　자극역 또는 자극의 역치(値)라고 함

▷ **잔상 (After Image)**

　　주시하고 있던 물체가 없어진 뒤 한참 동안 그 모양이 눈에 느껴지는 상태로
　　자극광(刺戟光)과 같은 감각이 남는 것

▷ **정상색각 (Normal Color Vision)**

　　색의 식별 능력이 정상인 색각

▷ **주광색 (Daylight)**

　　분광 에너지 분포가 규정된 주광과 거의 유사한 빛, 대낮의 빛과 같은 색

▷ **중심시 (Central Vision)**

　　망막의 중심 우묵부(중심에 있는 우묵한 곳)를 통한 시각 상태. 추상체가 밀
　　집되어 있어 색을 쉽게 구별하고 사물을 가장 또렷하게 볼 수 있음

▶ 최대분광시감효능 (Maximum Spectral Luminous Efficacy)

CIE 표준 시감효율가 최대로 되는 파장에서의 분광 시감도, 칸델라의 정의와 CIE 표준 시감효율에 따라 정해지는 상수이며 밝은빛시감일 때의 것을 Km 으로 어두운빛시감일 때의 것을 K'm 으로 표시

▶ 추상체 (Cones)

망막의 중심와에 밀집되어 있는 시세포의 일종. 밝은 곳에서 움직이고 색각 및 시력에 관계되는 것으로 망막 중심부에 약 6~7 백만 개의 세포가 밀집

▶ 통합 글레어 등급 (Unified Glare Rating)

CIE 의 불쾌글레어 측정치. UGR 은 글레어의 정도를 수치에 의해 단계적으로 표현함. 조명설비 시 최대 허용 글레어는 한계 통합글레어 등급(UGRL : Limiting Unified Glare Rating)으로 나타냄

▶ 특수 연색지수(Special Color Rendering Index)

특정한 물체 색에 대한 광원의 연색성을 나타낸 것으로 규정된 시험색의 각 각에 대하여 기준 광으로 조명하였을 때와 시료 광원으로 조명하였을 때의 규정된 균등색 공간에서 좌표의 변화로부터 구하는 연색 평가 지수

▶ 평균 연색지수 (General Color Rendering Index)

규정된 8 종류의 시험 색을 표준 광원으로 조명했을 때와 시료 광원으로 조명 했을 때의 CIE UCS 색도도에 의한 색도 변화의 평균값에서 구하는 연색 평 가지수를 말함

▶ 표면색 (Surface Color)

물체의 표면에서 빛이 반사되어 나타나는 물체 표면의 색. 빛을 확산·반사하 는 불투명 물체 표면에 속하는 것처럼 지각되는 색으로 보통 색상, 명도, 채도 등으로 표시

▶ 표색계 (Color System)

계통적 정량적으로 색을 표시하는 체계로 현색계는 색 샘플 모음이나 색 지도에 의해 시각화되며 심리·물리학적 빛의 혼합에 기초한 혼색계는 색을 측색하여 어떤 파장역의 빛을 반사하는가에 따라 색의 특성을 나타내는 방법

▶ 푸르키네 현상 (Purkinje Phenomenon)

시야 휘도가 낮게 됨으로써 스펙트럼의 단파장 비시감도가 장파장에 비하여 상승하는 것으로 명소시에서 암소시로의 이행으로 일어나는 현상. 명소시는 555nm 단색광에 대해 최대 효율을 나타내고 암소시는 507nm 단색광에 대해 최대 효율을 나타냄

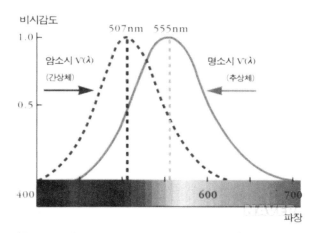

(출처 : 색채용어사전, 박연선, 2007, 도서출판 예림)

▶ 희미한빛시감 (Mesopic Vision)

명소시와 암소시의 중간 밝기에서 추상체와 간상체 양쪽이 작용하고 있는 시각의 상태

LED조명용어집

Chapter **05** 조명 특성

▣ CIE 글레어 지수 (CIE Glare Index; CGI)

국제 조명위원회(CIE)가 글레어 공식 기준화를 도모하기 위해 Dr. Einhorn 에게 연구를 위탁해 1979 년 제안된 글레어 평가방법이다.

▣ CIE 측광표준관측자 (CIE Standard Photometric Observer)

밝은 빛 시감의 V(λ)함수와 어두운 빛 시갑의 V'(λ)함수에 순응하고 광선속의 정의에 함축되어 있는 합산법칙에 적합한 상대스펙트럼 응답곡선을 갖는 이상적인 관측자고정광 (Fixed Light)

모든 주어진 방향에서 광도와 색이 일정하게 연속적으로 나타나는 신호등

▣ L70

조명의 광성능이 서서히 저하되면서 초기방출 대비 70 %수준의 시점의 가용수명

▣ LED 성능지표

발광효율(lw/W), 내부 양자효율(%), 외부 양자효율(%), 추출효율(%) 등은 LED 의 성능을 나타내는 중요한 파라메터이다.

▣ LM-80

IES 에서 정하는 LED PKG 의 광선속유지율 측정법, 온도조건 세가지(55 도, 85 도, 제조자선정온도)하에서 1,000 시간 단위로 6,000 시간까지 측정

▣ Stiles-Crawford효과 (Stiles-Crawford Effect)

눈동자를 통해 입사된 광선속 위치 편심의 증가와 함께 생 자극의 밝기의 감소

비고 : 밝기 대신에 색조나 선명도가 변하는 경우에는 제2종 Stiles-Crawford 효과라 한다.

▣ TM-21

LED 조명 수명 예측방법, LM-80 데이터를 활용하여 최대 측정시간의 6 배까지 수명예측

▶ 간접조명 (Indirect Lighting)

광원이나 조명기구의 빛이 벽면, 천정면 등에 닿아 반사 후, 물체나 공간에 입사하는 빛에 의한 조명을 말하며, 조명기구의 앞면 커버 등을 투과하는 빛 과는 구별해야 된다.

▶ 공급전압 (Supply Voltage)

램프 구동장치에 램프를 장착하였을 때 공급되는 전압

▶ 광 복사 (Optical Rediation)

자외선복사가시광선복사적외선복사 총칭. 파장대역으로는 대부분 100(nm) ~ 1(mm) 까지를 대상으로 한다. 광학적 복사라고도 한다.

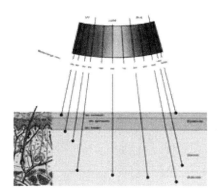

(출처 : http://www.waldmann.com/waldmann-medizin/home/home/topics/light_sources_for_phototherapy.html)

(출처 : http://www.light-measurement.com/wavelength-range/)

▶ 고정광 (Fixed Light)

모든 주어진 방향에서 광도와 색이 일정하게 연속적으로 나타나는 신호등

▶ 광기전효과 (Photovoltaic Effect)

금속과 반도체의 접촉부 또는 반도체의 접합부에 광조사하면, 광흡수에 의해 경계면에 자유캐리어 쌍이 발생하여 양음의 전하가 각각 경계면에 생긴 전계에 의해 이동하고, 부하측이 개로이면 전위차 즉 기전력을 발생하는 현상

▶ 광도전 효과 (Photoconductive Effect)

광조사에 의해 자유전자 및 자유정공의 모든 하전 캐리어가 증가해, 전기 전도도가 증가하는 현상

▶ 광도전셀 (Photoresistor)

광학방사의 흡수로 생성되는 도전성의 변화를 이용한 광전 장치

▶ 광막 글레어 (Veiling Glare)

광막반사에 의한 빛이 시각대상과 겹쳐, 시각대상을 눈부신 빛의 막이 덮은 것처럼 되어 생기는 글레어. 시각대상의 광휘도대비가 저하해, 보기 어렵거나 안보이게 된다. 반사 글레어의 일종

▶ 광막 반사 (Veiling Reflection)

정반사 또는 지향성이 강한 확산반사에 의한 빛이, 보는 대상과 겹쳐, 마치 대상에 빛의 막이 겹친 것처럼 보이는 현상. 대상의 광휘도대비가 저하해 보기 어려워진다.

▶ 광발광 복사력 (Photoluminescence Radiant Yield)

광발광성 물질에의해 방출되는 복사속에 대한 광발광성 물질에 의해 흡수되는 복사의 복사속에 대한 비

비고 : 또한 광발광 방사력은 유사한 의미의 기초 과정에도 사용된다. 즉 광방출 에너지의 흡수된 광 에너지에 대한 비

▶ 광생물학 (Photobiology)

빛과 생물의 상호작용을 빛과 생체물질 사이에서 볼 수 있는 미시적 양자과
정부터 거시적인 여러가지 생체반응의 발현기구에 이르기까지의 과정을 파
악하는 생물과학

▶ 광선속 (Lumen Method; Flux Method)

실내의 전등 조명 계산의 한 방법으로 전등 1 개가 발하는 소요 광선속 F(lm)
을 구하고, 작업면이 필요한 평균 조도가 되도록 전등수, 배치 등의 설계를
하는 것이다.

▶ 광선속변동폭 (Amplitude of Fluctuation of the Luminous Flux)

최대 광선속과 최소 광선속과의 차이에 대한 이들 합과의 비로 측정되어지는
주기적 광선속 변동의 상대적인 크기

비고 1. 통상 이 비는 %로 표현되며 percent flicker라 알려져 있지만 이는 별로 사용되지 않음.
　　 2. 때때로 조명산업에서는 광출력의 변동 특성을 flicker index로 표현한다.

▶ 광선속의 공식

F = A.E.D / (U.N)　단, A: 작업 면적, E: 소요조도, U: 조명기구의 이용률(조명
률), N: 전등의 갯수, D: 감광보상률(1.3~1.5)

▶ 광전자 검출기 (Photoelectric Detector)

온도변화로 유발되는 전기적 현상은 배제하고, 복사와 광자의 흡수로 인한
상호작용과 평형상태의 전자가 유리됨으로써 발생되는 전위 혹은 전류의 생
성을 이용하거나 전기적 저항의 변화를 이용한 복사 검출기

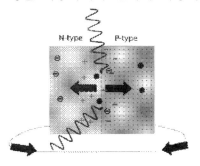

(출처 : http://www.thenakedscientists.com/HTML/content/kitchenscience/exp/diy-photovoltaic-solar-cell/)

▶ 광전자방출 효과 (Photoemissive Effect)

고체안의 전자가 빛의 흡수로 에너지를 얻어 고체표면에서 광전자가 되어 이탈하는 현상. 광전관의 원리이다.

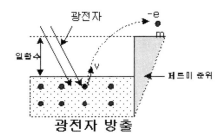

(출처 : http://www.a24s.com/data/jeongbotongsinhakseub/junja/junja_1/junja1-2.html)

▶ 광전지 (Photoelement; Photovoltaic Cell)

광학복사의 흡수로 생성되는 기전력의 변화를 이용한 광전자 검출기

▶ 광조도 균일도

작업면상의 최소광조도 E_{min} 과 평균 광조도 E_{av} 와의 비 E_{min}/E_{av} 또는 최소 광조도와 최대광조도 E_{max} 와의 비, E_{min}/E_{min} 로 표시한다.

▶ 광조도 기준

공간용도외 목적을 만족시키는 필요조도의 권장수치로 KSA 3011 에 규정, 활동유형별 광조도범위를 설정하여 제시함

▶ 광조도 임계치 (Threshold of Illuminance)

소정의 배경광휘도에 대하여 점시각으로 인지되는 램프의 입사광을 관측자의 눈이 임계치로 판단했을 때의 이 눈에 대한 광조도

비고 : 시각신호에 있어서는 광원은 인지되어야 하며, 따라서 높은 광조도 임계치가 요구된다.

▶ 광주기 (Photoperiod)

일정 시간의 명기와 암기가 교대로 반복되는 것이다.

▶ **광출력비 (Light Output Ratio)**

그 자체의 램프 및 장비를 장착한 실제 규정상태 하에서 측정한 조명기구의 전광선속(total luminous flux)와 동일한 램프를 규정된 조건하에서 조명기구의 외부에서 측정한 램프개개의 전광선속의 합과의 비

▶ **광측정 (Photometry)**

주어진 분광시감효율함수 V(λ) 혹은 V'(λ)로 평가한 복사량을 측정.

▶ **광학적기구효율 (Optical Light Output Ratio)**

규정된 조건하에서 측정한 조명기구의 전광선속(total luminous flux)에 대한 조명기구내의 램프들의 각각의 전광속의 합에 대한 비

▶ **광화학작용 (Actinism)**

빛을 흡수한 물질이 일으키는 화학반응이나 전자상태의 변화 또는 반응에 따른 발광을 말한다.

▶ **광효과 (Photoeffect)**

빛이 물질이나 생물, 생체에 작용해서 생기는 물리적, 화학적, 생물적변화. 이 경우 빛을 에너지원으로 취급하는 경유와 정보원으로 취급하는 경우가 있다. 물질이나 생물, 생체에 물리적, 화학적, 생물적 변화를 일으키는 빛의 효력 과정을 광작용이라고 불러 구별하는 경우도 있다. 이 경우 외광을 광자(photon)라고 하며 입자적으로 취급하는 경우도 있다.

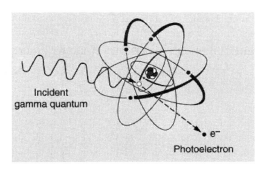

(출처 : http://www.euronuclear.org/info/encyclopedia/p/photo-effect.htm)

▶ 광휘도 임계치 (Luminance Threshold)

감지될 수 있는 최저 광휘도 자극

비고 : 이 값은 field size, 주위상태, 순응상태 그리고 기타 관측상태에 따른다.

▶ 광휘도 (Veiling Luminance)

광막반사에 의한 반사면의 휘도. 이 광휘도가 시각대상 및 배경의 광휘도에 겹쳐 양쪽으 광휘도를 균등하게 상승시키기 때문에 시각대상과 배경의 광휘도대비가 저하해 시각대상이 잘 안보인다. 또한 광휘도가 높으면, 눈이 부셔 광막 글레어를 일으키는 경우가 있다.

▶ 구경 (Aperture)

평균 광학적 방출을 측정하는 면적을 정의한 개구. 스펙트럼 복사조도 측정에서 이 개구는 대개 복사계/분광복사계 입구 슬릿 정면에 놓이는 작은 구의 입구이다.

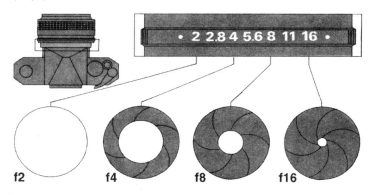

(출처 : http://ocfworkshop.com/2010/10/17/aperture/)

▶ 구면복사 노광량; 복사변동 (Radiant Spherical Exposure; Radiant Fluence, He,o; Ho)

주어진 기간 △t 동안 주어진 점에서의 구면복사조도 $E_{e,o}$ 의 시간적분

$$H_{e,o} = \int_{\Delta t} E_{e,o} \cdot dt$$

단위 : $J \cdot m^{-2} = W \cdot s \cdot m^{-2}$

▶ **균등확산면 (Lambertian Surface)**

어느 방향에서 보아도 광휘도가 동일한 이상적인 표면

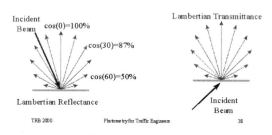

(출처 : http://people.usd.edu/~schieber/trb2000/sld038.htm)

▶ **근접거리 (Proximity)**

벽과 가장 근접한 열에 있는 조명기구의 광중심 간의 거리

▶ **기준 직류전원장치 (Reference DC Power Supply)**

표준화된 조건하에서 일반적으로 생산되는 LED 램프의 시험 및 비교기준을
제공할 목적으로 설계된 전원공급장치

▶ **기준면 (Reference Surface)**

광조도가 측정되어지거나 규정된 표면

▶ **기준조명 (Reference Lighting)**

CIE 표준광원 A 에 의한 완전확산 및 극성화되지 않은 조명

▶ **내구성 시험기간**

온도 조건하의 내구성 시험의 임의 지속 기간

▶ **노출 한계 (Exposure Limit)**

생물학적으로 악영향을 미칠 것으로 예상되지 않는 눈이나 피부의 노출 수준

▶ 눈부심(글레어) (Glare)

빛에 의한 눈부심. 시간적, 공간적으로 부적절한 광휘도분포 또는 광휘도범위 또는 극단적인 대비로 인해 시각의 불쾌감 또는 대상물을 지각하는 능력을 저하시키는 시감

(출처 : http://www.toplightco.com/acatalog/Lighting_Ergonomics.html)

▶ 단색광자극 (Monochromatic Stimulus)

단색광 복사로 구성되는 자극

▷ 단색광 (Monochromatic Light)

단일 파장의 빛 또는 단일 파장에서 대표할 수 있는 정도의 좁은 파장범위에
포함되는 빛

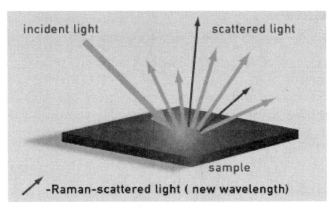

(출처 : http://www.webexhibits.org/pigments/intro/spectroscopy.html)

▷ 대비 감도 (Contrast Sensitivity, Sc)

감지될 수 있는 물리적인 최저대비의 역수. 통상 $L/\Delta L$ 로 표시되며 여기에서
L 은 평균광휘도 이며 ΔL 은 광휘도 자극력의 차이이다.

비고 : S_c 값은 광휘도와 순응상태를 포함하는 관측생태에 따른다.

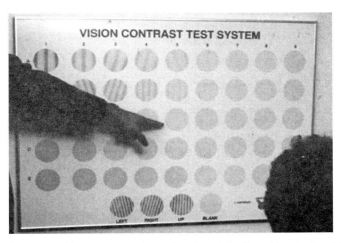

(출처 : http://www.seesun.tv/board/bbs/board.php?bo_table=story&wr_id=136&sfl=&stx=&sst=wr_da
tetime&sod=desc&sop=and&page=9)

▷ 대칭배광 (Symmetrical Luminous Intensity Distribution)

대칭축을 갖거나 적어도 하나의 대칭면을 갖는 광도분포

▷ 대향각 (Angular Subtense)

관찰자의 눈 또는 측정점에서 겉보기 광원을 마주 대하는 시각. 이 규격에서 중심각은 각의 반각이 아니라 전체 끼인각으로 나타낸다.

단위 : 라디안

비고 : 대향각는 대개 투영기 같은 렌즈와 거울의 결합에 의해 변경된다. 즉, 겉보기 광원의 대향각은 물리적 광원의 대향각과 다르다.

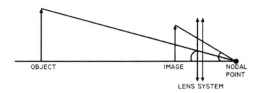

(출처 : http://www.medrounds.org/optics-review/uploaded_images/Figure34-745600.jpg)

▷ 동작전압

정격 전원 전압에서 전이상태를 무시하고, 개회로 상태 또는 정상 동작시 어떤 절연을 통해 발생할 수 있는 가장 높은 실효 전압

▷ 등가에너지 스펙트럼 (Equal Energy Spectrum)

파장의 함수로 표현된 복사량의 분광농도가 가시영역에서 일정한 복사 스펙트럼($\phi(\lambda)$ = 상수)

비고 : 가끔 등가에너지 스펙트럼은 광휘도와 관련되는데, 이 경우에는 E 로 표시

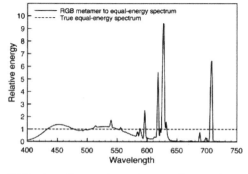

(출처 : http://www.sciencedirect.com/science/article/pii/S0042698911003099)

▶ 등광도 곡선 (Iso-Intensity Curve)

조명기구의 측광 중심을 중심으로 하는 가상구면 상에 광도가 같은 방향에 상당하는 점을 서로 이어 곡선을 그린 것, 또는 이 곡선을 평면상에 투영한 것

▶ 등광도도 (Iso-Intensity Diagram)

등 광도 곡선의 배열

▶ 등방성 확산반사 (Isotropic Diffuse Reflection)

복사가 반사된 반구내의 모든 방향에서 복사와 광휘도가 동일하게 반사된 복사의 배광상의 산란반사

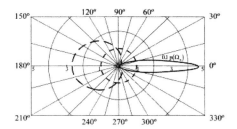

(출처 : http://www.sciencedirect.com/science/article/pii/S0920586100002510)

▶ 등방성 확산투과 (Isotropic Diffuse Transmission)

복사가 반사된 반구내의 모든 방향에서 복사와 광휘도가 동일하게 반사된 복사의 배광상의 산란반사

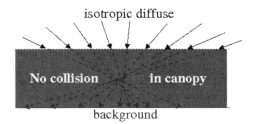

(출처 : http://rami-benchmark.jrc.ec.europa.eu/HTML/MISCELLANEOUS/MEASUREMENTS/Uncollided_transmission_at_lower_boundary_level_for_diffuse_illumination_only/Uncollided_transmission_at_lower_boundary_level_for_diffuse_illumination_only.php)

▶ 램프 광선속밀도 (Lamp Flux Density)

장치에 설치된 램프 개개의 정격 광선속 값의 합을 바닥면적으로 나눈 값

단위 : lm.m^{-2}

1 lux = 1 lumen/m^2

(출처 : http://www.samsunglitec.co.kr/sub01/sub01_3.html?PHPSESSID=65a098f698a9b595e3139c5eb7ce696e#a4)

▶ 램프효율 (Luminous Efficacy)

전 등의 효율은 출력을 루멘, 입력을 와트로 하여, 즉 와트당 루멘[ℓm/W]으로 나타낸다. 일반 조명용 전구에 있어서는 10~20, 형광등에 있어서는 약 60, 고압 수은등에 있어서는 약 30[ℓm/W]이다.

▶ 레이저 (Light Amplification by Stimulated Emission of Radiation, Laser)

유도 방출로 생성된, 광원을 방출하는 간섭성 광학 복사

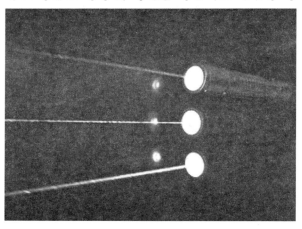

(출처 : http://ko.wikipedia.org/wiki/%EB%A0%88%EC%9D%B4%EC%A0%80)

▶ 마찰 발광 (Tribo Luminescence)

기계적인 힘의 활동으로 인해 발생하는 발광

▶ **무선발광 (Radio Luminescence)**

　　방사성 방사 혹은 X-ray 에 의해 유발되는 발광

▶ **물리 측광 (Physical Photometry)**

　　물리적 검출기를 사용한 광학 측정

▶ **물리 측색 (Physical Colorimetry)**

　　물리적 검출기를 사용한 색채 측정

▶ **반사 글레어 (Glare By Reflection)**

　　휘도가 높은 광원이나 창문에서의 빛이 브라운관의 표면, 책상면, 광택이 있는 종이 등에서 반사되어 눈에 들어와서 생기는 글레어. 반사에 의한 빛과 시각대상이 겹치면 시각대상의 광휘도 대비가 저하해서 보기 힘들어진다.

(출처 : Anti Glare & Reflection coating for TV
http://www.qrbiz.com/product/738394/Anti-Glare-Reflection-coating-for-TV.html)

▶ **반스토크스 발광 (Anti-Stokes Luminescence)**

　　여기복사의 파장보다 짧은 파장의 분광영역에 위치한 복사의 광발광
　　비고 : 즉 이것은 방출된 광에너지가 두개의 여기된 광의 흡수로 인해 발생될 때 일어난다.

▶ 반투명체 (Translucent Medium)

산란투과로 가시복사를 투과함으로써 그것을 통과한 물체가 뚜렷하게 나타나지 않는 매질

(출처 : http://www.domesticmodern.com/medium-translucent-red-encasement-glass-pendant.aspx)

▶ 발광 (Luminescence)

원자, 분자, 이온 또는 전자가 외부에서 에너지를 흡수해 여기, 이온화 또는 가속된 뒤, 그 에너지의 일부나 전부를 전자파 방사로 방출하는 과정이나 방출된 방사수명이 짧은 것을 형광, 긴 것을 인광이라 한다. 또한 결정속에 전위차가 있을 때 일어나는 현상을 전계발광이라 한다.

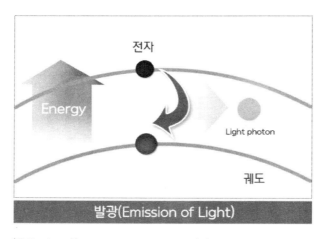

(출처 : http://blog.samsungdisplay.com/93)

▶ 방 지수 (Room Index)

옥내에서 조명기구를 사용하면 직접광조도 이외에 반사에 의한 간접광조도
가 발생한다. 직접광조도 및 간접광조도는 방의 형태에 따라 다르다. 이방의
형태를 나타내는 수치로, 특별히 지정하지 않는한 다음 식으로 나타낸다.

$$K_r = \frac{XY}{H(X+Y)}$$

여기에서 K_r : 방 지수, X: 가로, Y: 세로 H: 작업면에서 광원까지의 높이. 이
실지수는 조명률이나 고유 조명률을 나타낼때 겸용한다. 형상의 수치는 벽
면적에 대한 작업면 및 천정면의 면적비를 나타내고 있다. 터널조명의 경우,
상호반사에 의한 조명률을 구하는 방법으로 광원의 높이에 대한 노면 전체
너비의 비와 노면, 벽면, 천정면 반사율과의 조합에 의한 입사광속이 노면에
주는 계수(율)로 나타낸다.

▶ 방출 스펙트럼 (Emission Spectrum)

규정된 여기에서 발광물질에 의해 방출되는 복사의 분광분포.

▶ 배졸트-브뤼크 현상 (Bezold-Brucke Phenomenon)

일반적으로 광휘도가 높아지면 색상이 황색 또는 청색 계통으로 편이하는 현
상. 색을 느끼는 추상체에도 여러 종류가 있어서, 낮은 광휘도에서도 잘 느끼
는 것, 중간정도의 광휘도에서 잘 느끼는 것, 혹은 높은 광휘도가 아니면 느끼
지 못하는 것 등이 혼합되어 있어, 광휘도의 고저에 따라 이들 색을 느끼는
추상체의 비율이 변화하기 때문에 색감에도 변화가 생긴다.

비고 : 어떤 단색 자극에서는 주어진 순응 상태에서 색상이 광휘도의 범위 전반에 걸쳐 일정
할 수도 있다. 때때로 이러한 자극 파장을 불변성파장 이라 한다.

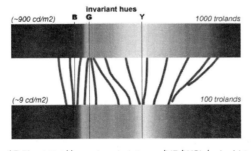

(출처 : http://www.handprint.com/HP/WCL/color4.html)

▶ 보수율 (Maintenance Factor)

조명설비 조도는 시간이 지남에 따라 어둡게 된다. 이것은 램프자체 광속이 감소하는 것으로 조명기구 오염으로 효율성 악화, 설내반사율 감소 등의 원인이 있다. 어둡게 된 상태에도, 소요되는 평균 조도는 유지되지 않으면 안된다. 그래서 최초의 조도가 몇 % 까지 감소해도 소요되는 조도가 유지될 때까지를 표시하는 것이 보수율이다. 보수율은 보수의 주기, 실내 먼지 정도, 조명기구 구조, 램프 종류 등에 따라 변한다. 일반적으로 이 값은 0.8~0.5 이지만 구체적으로는 조명기구의 조명자료에 표시되어 있다.

▶ 복사측정 (Radiometry)

복사 에너지와 관련된 양의 측정

▶ 분광 (Spectral)

물체의 복사에 대한 성질을 나타내는 양을 단색복사에 관해 말하는 경우, 그 양의 명칭 앞에 붙는 수식어로 이용한다. 예를들어 「분광 투과율」, 「분광 반사율」, 「분광 응답도」 등이다. 양을 X 로 한 경우 파장 λ 라면 양기호는 X(λ), 주파수 v 이면 X(v)로 나타낸다. 어느 복사량의 분광밀도나 어느 복사량의 분광분포에 대해 그 양 앞에 붙어서 바꾸어 말하기 위한 수식어로도 이용한다. 예를들어 「복사휘도의 분광밀도」를 「분광복사휘도」, 「복사휘도의 분광분포」를 「분광복사휘도분포」로 하는 것이다.

▶ 분광감응도 (Spectral Responsivity, S(λ))

검출기 출력 $dY(\lambda)$를 파장간격 d 에서 파장의(λ) 함수로서 단색광 검출기 입력 $dX(\lambda) = X_{e,\lambda} \cdot d\lambda$로 나눈 값.

$$s(\lambda) = dY(\lambda)/dX_e(\lambda)$$

▶ 분광고유투과율 (Spectral Transmissivity, ($\alpha_{i,o}(\lambda)$))

물질의 경계가 영향을 주지 않는 상태에서 복사통로가 단위 길이인 물질층의 분광 내부 투과율. 단위 : 1

비고 : 단위 길이는 규정되어야 한다. 원래 크기의 k배인 단위 길이를 사용하였다면
$$\alpha_{i,o}(\lambda)=1 - r_{i,o}(\lambda) \text{ 는 } \alpha'_{i,o}(\lambda) = 1 - [r_{i,o}(\lambda)]^k$$

▶ **분광선형감쇄계수 (Spectral Linear Attenuation Coefficient, μ(λ))**

고려되어진 점에서 기본적인 거리 dl 로 평행된 빔이 진행하는 동안에 이것의 복사속 $\Phi_{e,\lambda}$ 의 흡수와 산란으로 인한 분광밀도의 상대적인 감소를 길이 dl 로 나눈 값.

$$\mu(\lambda) = \frac{1}{\phi_{e,\lambda}} \cdot \frac{d\phi_{e,\lambda}}{dl}$$

단위 : m^-

▶ **분광선형산란계수 (Spectral Linear Scattering Coefficient, s(λ)**

고려되어진 점에서 기본적인 거리 dl 로 평행된 빔이 진행하는 동안에 이것의 복사속 $\Phi_{e,\lambda}$ 의 산란으로 인한 분광밀도의 상대적인 감소를 길이 dl 로 나눈 값

$$s(\lambda) = \frac{1}{\phi_{e,\lambda}} \cdot \frac{d\phi_{e,\lambda}}{dl}$$

단위 : m^{-1}

▶ **분광선형흡수계수 (Spectral Linear Absorption Coefficient, a(λ))**

고려되어진 점에서 기본적인 거리 dl 로 평행된 빔이 진행하는 동안에 이것의 복사속 $\Phi_{e,\lambda}$ 의 흡수로 인한 분광밀도의 상대적인 감소를 길이 dl 로 나눈 값.

$$a(\lambda) = \frac{1}{\phi_{e,\lambda}} \cdot \frac{d\phi_{e,\lambda}}{dl}$$

단위 : m^{-1}

▶ **분광질량감쇄계수 (Spectral Mass Attenuation Coefficient)**

분광선형감쇄계수 $\mu(\lambda)$를 매질의 밀도 ρ 로 나눈 값

단위 : $m^2 \cdot kg^{-1}$

▶ **분산 (Dispersion)**

빛의 굴절률이 파장에 따라 달라서 생기는 현상이다. 프리즘을 투과한 빛의 진행방향이 파장에 따라 다른 것도 분산현상의 일례이다. 일반적으로 굴절률은 파장이 짧은 쪽이 크다. 광선이 균일한 물질안을 진행할 때. 빛은 전자파이므로 그 전장에 따라 물질안의 전자를 동요시킴으로서 빛이 산란된다. 이 산

란광이 서로 간섭해서 그 결과 균일한 물질안을 광선은 직진하지만, 산란으로 위상이 어긋나고 그것이 파장에 따라 다르므로 진행속도는 파장에 따라 달라진다. 이것이 분산의 원인이다.

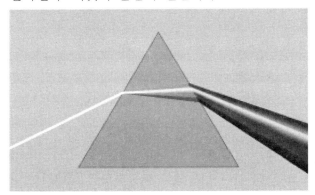

(출처 : http://ko.wikipedia.org/wiki/%EB%B6%84%EC%82%B0_(%EA%B4%91%ED%95%99))

▶ 분포온도(Distribution Temperature, T_d)

관심있는 분광범위내에서 고려되어진 복사의 상대분광분포와 거의 동일하거나 복사의 상대분광분포와 거의 동일하거나 동일한 상대분광 분포 $S(\lambda)$를 가진 흑체의 온도

단위 : K

▶ 불투명체 (Opaque Medium)

관심 분광 영역에서 복사를 투과하지 않는 매질

▶ 비선택성 복사체 (Nonselective Radiator)

분광복사능이 고려되어진 분광범위파장 전반에 걸쳐 일정한 열 복사체

▶ 빔 (Beam)

반사형 램프나 투광기처럼 지향성이 강한 배광을 가진 광원의 배광곡선을 극좌표로 나타내면 광축의 방향으로 광도가 날카롭게 돌출한 부분이 나타나는데 이 부분을 빔이라고 한다. 이런 강한 지향성을 가진 광원이 피조면의 광조도분포에 주는 영향은 일반 광원의 경우처럼 전광속과 기구효율이 아니라 주로 광축의 광도, 빔의 퍼짐(빔각), 빔 광선속에 따른다. 빔의 퍼짐은 광축의

최대광도에 대해 광도가 1/2(반사형 램프) 또는 1/10(투광기)이 되는 좌우 2 방향을 연결한 각도로 빔광선속은 빔 퍼짐의 범위내에 포함되는 광선속이다.

▶ 빔각 (Spread)

반사형 램프나 투광기의 배광은 강한 지향성을 갖고 있어 배광곡선을 극좌표로 나타내면 광축의 방향으로 광도가 날카롭게 돌출한 부분이 나타난다. 이 것을 빛의 빔이라고 부른다. 빔각은 보통 광축상의 최대광도에 대해, 어떤 광도가 같은 2 점이 이루는 각을 말한다. 결국 극좌표상의 2 방향을 나타내는 각이 동경간에 이루는 각도의 범위가 된다. 배광곡선에서 최대광도의 50[%] 또는 10[%]인 광도를 나타내는 각을 이용한다. 전자는 반사형 램프, 후자는 투광기의 경우이다.

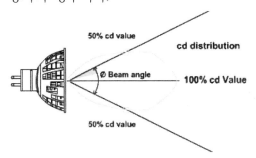

(출처 : http://vewalight.com/home/basic-lighting-knowledge/)

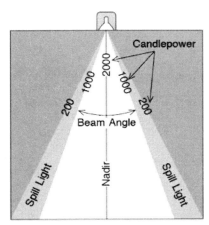

The beam angle is defined where candlepower falls to 50%.

(출처 : http://www.lightcalc.com/lighting_info/glossary/glossary.html)

▶ 빛 (Light)

일반적으로는 가시복사, 즉 눈에 들어와 밝은 감각을 일으키는 복사를 빛이라고 하며 실용상 (380~780)nm 의 파장범위로 여겨진다. 하지만 넓은 의미로는 자외복사(자외선), 가시복사, 적외복사(적외선)의 총칭을 빛이라고 하는 경우도 있다. 국제 조명위원회(CIE)에서는 자외복사, 가시복사, 적외복사를 포함하는 100(nm)~1(mm)의 파장범위를 광복사(optical radiation)라고 칭한다. 이것은 우리 인류가 생활하는데 있어 기본이 되는 태양의 빛속에는 가시복사 이외에 자외복사, 적외복사가 포함되어 있으며, 옛부터 이것을 종합해서 태양빛이라고 생각한 경위가 있기 때문이다. 빛이 시각계에 생기는 밝기 및 색의 지각·감각을 뜻하는 경우도 있다.

▶ 살균복사 (Bactericidal Radiation)

박테리아를 활동적이지 못하게 하는 광학복사

▶ 살균성복사 (Germicidal Radiation)

병원성 미생물을 죽일 수 있는 광학복사

▶ 상대 색자극함수(Relative Color Stimulus Function, $\varphi(\lambda)$)

색 자극 함수의 상대 분광 분포

▶ 상대감응도(Relative Responsivity, S^r)

검출기가 복사 Z 로 조사되었을 때의 감응도 s(Z)에 대한 검출기가 표준 복사 N 으로 조사되었을 때의 감응도 s(N)에 대한 비

$s_r = s(Z)/s(N)$

▶ 상대분광감응도 (Relative Spectral Responsivity, $sr(\lambda)$)

파장 λ에서의 분광 감응도 $s(\lambda)$에 대한 주어진 표준값 sm 의 비

$Sr(\lambda) = s(\lambda)/s_m$

비고 : 주어진 표준값 s_m 은 평균값, 최대값 혹은 독단적으로 선택한 $s(\lambda)$값가 되어질 수 있다.

▶ **상반구 광선속 (Upward Flux)**

전광선속과 하향 광선속의 차

▶ **상시보조인공조명 (Permanent Supplementary Artificial Lighting)**

자연조명의 단독으로는 불충분하거나 불쾌할 때 건물의 자연조명에 부가하기 위한 인공적인 영구조명

▶ **상호반사 (Inter reflection; Interflection)**

여러 개의 반사면이 서로 빛을 반복해서 반사하는 것. 옥내에서는 조명기구에서 나오는 광선속은 반사면에서 흡수되는 것과 반사되는 것으로 나눌 수 있다. 반사한 광선속은 다른 반사면에 입사되고 이런 과정이 반복되어 상승효과가 일어난다. 실내에서 사용하는 조명기구의 조명률은 상호반사에 의해 상승되는 증가분을 포함한다. 벽면, 천정면, 바닥면의 각각 반사율에 따라 달라지는 것은 이 때문이다.

▶ **상호반사율 (Interreflection Ratio)**

실내의 표면에 간접적으로 도달한 복사 혹은 광속 ϕ_i에 대한 또 다른 표면에 직접적으로 받아들여진 기본광속 ϕ_o의 비를 말하며, 광속 ϕ_i는 ϕ_o의 상호반사로 초래된 광속을 말한다.

▶ **선택성 방사체 (Selective Radiator)**

광복사능이 고려되어진 분광범위파장 전반에 걸쳐 다양한 열 복사체

▶ 섬광 (Flash)

지속시간이 짧은 강한 빛. 광원으로는 섬광전구(주로 사진촬영용)나 크세논 플래시 램프(사진촬영, 복사기, 의료기기, 스트로보스코프, 신호, 광화학 반응용), 크세논 펄스램프(인쇄제판용)가 있다. 광원 자체가 섬광이 아니라도, 정상광을 쵸퍼로 단속하거나, 정상광을 전기적으로 점멸시키거나, 지향성이 있는 정상광을 회전시켜 일정 방향에서 본 빛이 단속해서 보이도록 만든 것도 섬광이다.

(출처 : http://www.shutterstock.com/pic-3157793/stock-photo-orange-flashing-light-clipping-path-is-included.htmlv)

▶ 섬광체 (Scintillator)

짧은 잔상의 무선 발광을 하는 통상 액체이거나 고체인 발광 물질

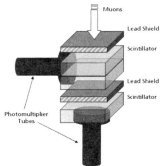

(출처 : http://hardhack.org.au/scintillator_detector)

▶ 수명시험 (Life Test)

규정된 조건하에서 규정된 시간동안 혹은 수명말기까지 동작시키며 이 기간 동안 규정된 간격으로 광학적, 전기적 특성을 측정 할 수 있는 시험

▶ 순도 (Purity)

완전히 가법혼색 되었을 때 규정된 무채색 자극의 양과 단색광 자극의 양이 고려된 색 자극에 부합하는 정도의 측정

비고 1. 자색 자극의 경우에 있어서 단색광 자극은 색도가 자색 경계상의 점으로 표현되는 자극으로 대치된다.

▶ 스테판 · 볼츠만의 법칙 (Stefan-Boltzmann`s Law)

흑체의 분광 복사휘도 및 분광 복사 출사도를 파장에 관해 적분하면, 복사휘도 및 복사 출사도가 다음과 같이 나타내진다.

$Le = \sigma T^4/\pi$ $Me = \sigma T^4$ 여기에서

σ: 스테판·볼츠만 상수, h: 플랑크의 상수, k: 볼츠만 상수, c: 진공중의 빛의 속도. $\sigma = 2\pi^5 k^4 / 15h^3c^2o = (5.67051 \pm 0.00019) \times 10^{-8}$ W·m^{-2}·K^{-4}

▶ 스펙트럼분포 (Spectral Distribution)

파장 λ 에서 파장의 기본점위 dλ 를 포함하는 광체, 발광체 혹은 광자량 dX (λ)의 몫 $X_\lambda = dX/d\lambda$

단위 : [X] · m^{-1} 즉 W · m^{-1}

비고 1. 스펙트럼 분포란 용어는 특별한 파장에서 사용되기 보다는 광범위한 파장에서의 Xλ (λ) 함수를 취급하는데 사용 된다.

▶ 스펙트럼선 (Spectral Line)

2 개의 에너지 준위 사이의 천이에 의해 방출 또는 흡수되는 단색복사

▶ 시험거리 (Test Distance)

광중심과 검출기 표면간의 거리

▶ 안전초저전압(SELV)

개별 권선이 있는 안전 절연 변압기나 컨버터 같은 수단으로 전원에서 절연된 회로에서, 도체 사이에 또는 도체와 지면 사이에서 교류 50V(실효치)를 초과하지 않는 전압

▶ 안정기의 광출력 계수 (Ballast Lumen Factor)

특별히 생산된 안정기로 기준 램프를 동작시켰을 대 방출되는 광선속에 대한 동일한 램프를 그것의 기준 안정기로 동작시켰을 때 방출되는 광선속의 비

▶ 알라드 법칙 (Allard's Law)

광원에 의해 표면에 나타나는 광조도 E 에 관련된 법칙이며, 표면방향에서의 광원의 광도 I 와 표면과 광원사이의 거리 d, 대기투과율 T_d 와의 관계로 아래의 공식으로 나타내어질 수 있다.

$$E = \frac{I}{d^2} \cdot \frac{T_d}{d_o}$$

여기에서 d_o 는 T 의 정의에서 규정된 거리이다.

비고 1. 위의 공식은 때때로 $E = \frac{I}{d^2} \cdot T_d$ 로 표현된다.

▶ 양자 검출기 (Quantum Detector)

고려되어진 분광범위 전반의 파장과는 별개의 양자효율을 가진 광복사의 검출기

비고 : 넓은 분광범위에 걸쳐 여기복사 파장이 독립적인 포토루미네슨스 출력을 갖는 포토루미네슨스 물질을 가끔 양자계수기라 부른다.

▶ 양자산출 광발광 (Photoluminescence Quantum Yield)

광발광 물질에 의해 방출되는 복사의 광자속에 대한 광발광 물질에 의해 흡수되는 광자속의 비

비고 : 외부 광발광양 출력은 부수적 광자속에 방출되는 비이다.

▶ 양자효율 (Quantum Efficiency, η)

물질 중에서 광자 또는 전자가 다른 에너지의 광자 또는 전자로 변환되는 비. 특히 광자로 변환되는 경우에 발광효율이라 한다. 물질 표면 및 내부에서의 손실이 클 경우에는 내부 양자효율과 외부 양자효율을 구별하며 입출력 특성이 비선형인 경우 입력 입자수의 증가분에 대한 출력 입자수의 증가분에 대한 비를 미분양자 효율이라 한다.

▶ 에너지 준위 (Energy Level)

원자, 분자 혹은 이온에너지의 이산 상태

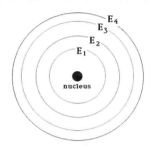

(출처 : http://www.physics.uiowa.edu/adventure/fall_2005/oct_15-05.html)

▶ 여기 (Excitation)

원자, 분자 혹은 이온들의 에너지 준위가 좀더 높은 에너지 준위로 상승하는 것

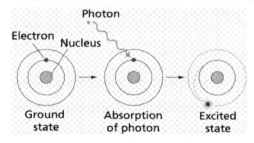

(출처 : http://mckeethtaryn.blogspot.kr/2012/07/activity-2.html)

▶ 열복사 (Thermal Radiation)

1. 물질입자(분자, 원자, 이온 등)의 열진동으로 인하여 에너지를 방출하는 현상
2. 온도가 다른 두 물체 사이에서는 높은 온도의 물체로부터 낮은 온도의 물체로 에너지가 이동하며, 이는 특히 1000℃ 전 후 범위를 넘는 물체에서 현저한데, 복사되는 전자파는 가시범위의 것도 포함하게 된다. 보통 물체의 열방사 형태는 완전흑체의 복사에 가까운 것이 많다.

▶ 완전반사 확산기(Perfect Reflecting Diffuser)

입사한 복사를 모든 방향으로 동일한 복사휘도로 반사하고 또한 반사율이 1인 이상적인 면

▶ 완전투과 확산기(Perfect Transmitting Diffuser)

입사한 복사를 모든 방향으로 동일한 복사휘도로 투과하고 또한 투과율이 1 인 이상적인 면

▶ 외부 양자효율 (External Quantum Efficiency, η_{ert})

외부양자효율은 주입된 전하 당 발광되는 photon 의 수를 나타낸다. 여기서 photon 은 자외선(UV), 가시광선(visible), 적외선(IR) 영역에 상관없이 LED 에서 방출되는 모든 photon 을 포함한다. 현재 질화갈륨 LED 의 경우, 외부양자효율이 10% 내외에 머물고 있으나 조명용 LED 구현을 위해서는 더 높은 외부 양자 효율이 필요하다. 외부양자효율이 내부양자효율과 추출효율로 이루어져 있으므로($\eta_{ext} = \eta_{int}\ \eta_{xrt}$), 높은 외부양자효율을 얻기 위해서 질화물 반도체 내의 응력, 전위밀도, 활성층에 관한 연구를 통해 내부양자효율을 증가시키려는 시도와 효과적인 전류주입, 기판 및 금속 전극의 patterning 을 통한 광추출효율의 향상 등 외부양자효율을 증가시키기 위한 노력이 병행되고 있다.

▶ 유도방출 (Stimulated Emission)

전이 주파수를 갖는 부가적인 복사에 의해 유발되는 여기에너지에서 낮은 에너지 전위도의 양자전이에 의한 방출과정

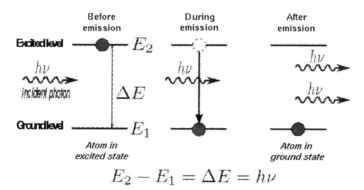

$$E_2 - E_1 = \Delta E = h\nu$$

(출처 : http://en.wikipedia.org/wiki/Stimulated_emission)

▶ 음극선 발광 (Cathodo luminescence)

TV 스크린 상의 코팅과 같은 어떤 발광 물질에 전자가 충돌하여 발생하는 발광

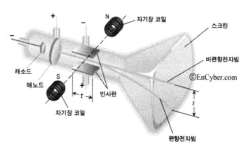

▶ 이용률 (Utilization Factor)

작업면에 받는 광속과 조명기구에서 복사하는 광선속의 비율

▶ 인광 (Phosphorescence)

에너지를 중간에너지 준위에 저장함으로 인해 광발광이 지연되는 것.

비고 1. 구조적 요소로 인광이란 용어는 일반적으로 triplet-singlet 전이에 적용한다.
    2. 때때로 이 용어는 다른 종류의 발광을 지칭하는데 사용된다.

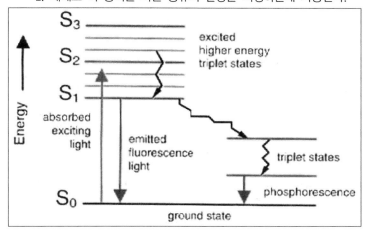

(출처 : http://www.fibre2fashion.com/industry-article/12/1187/self-illuminated-safety-jackets2.asp)

▶ 일사투과율 (Solar Factor)

유리를 통해 실내로 침투한 열의 양에 대한 그 유리에 입사된 태양복사 에너지의 비

비고 : 이 율은 2개의 양의 합이다. 유리의 복사투과율 r_e 와 유리를 통해 전달되고 복사된 열 이득의 양 Q_2 와 유리에 입사된 태양방사에너지 Q_1 의 비와 동일한 양의 비와의 합이다.

$$g = r_e + Q_2 / Q_1$$

▶ 임계 플리커주파수 (Critical Flicker Frequency)

플리커가 감지되어 질 수 없는 자극의 교류주파수

▶ 입력전류

전체 램프 회로나 램프 구동장치에 입력되는 전류

▶ 자연광 (Natural Light)

편광의 성질이 검출되지 않는 빛

▶ 자연광화학효과 (Natural Actinic Effect)

자연적인 복사로 인해 유발되는 화학적인 변화

비고 : 예 대기, 광합성, 주광 시감에서의 오존 발생

▶ 자외선 복사 (Ultraviolet Radiation)

가시복사보다 파장이 짧은 광학복사

UV-A   (315-400) nm

UV-B   (280-315) nm

UV-C   (100-280) nm

▶ 잔광 (Afterglow)

발광 물질의 여기가 끝난 후, 존재하는 발광이 서서히 쇠퇴하는 것. 이 지속 시간은 100ms 에서 수분이 될 수 있다.

▶ 적외선 복사 (Infrared Radiation)

가시복사보다 파장이 긴 광학복사

적외선 복사는 표면에 입사하는 단위면적 당 스펙트럼 총 복사(복사조도)로 평가한다. 적외선 복사의 응용 예는 산업 난방, 건조, 사진 촬영이 있다. 적외선 탐지 장치 같은 일부 응용에는 제한된 범위의 파장에 민감한 검출기가 포함된다. 이 경우에는 광원과 검출기의 스펙트럼 특성이 중요하다.

비고 : 적외선 방사는 780nm와 1mm에서 아래와 같이 구분된다.

IR-A (780-1400)nm
IR-B (1.4-3)μm
IR-C 3um ~ 1mm

▶ 전계발광 (Electro Luminescence)

전계로 인하여 물질의 열복사와는 다른 빛을 내는 현상. 발광기구에 따라 내부전계발광과 주입형 전계발광이 있다.

내부전계발광은 ZnS 등의 반도체에 교류전계를 가함으로써 발광중심을 거쳐 발광하는 것이며, 주입형 전계발광은 Ga,As 등 pn 접합의 반도체에 순방향 전류를 흐르게 하여 전자와 정공이 재결합 할 때 발광하는 것.

▶ 전류공급 (Supply Current)

등기구가 정격 전압과 주파수에서 정상 사용시 안정화 되었을 때 공급 단자에 흐르는 전류

▶ 전복사속 (Total Radiant Flux)

복사원이 모든 방향으로 방출하는 복사속

▶ 전압범위

안정기가 동작되는 입력 전압의 범위

▶ 전원전류 (Supply Current)

LED 등기구가 정격 전압과 주파수에서 정상 사용시 안정화 되었을 때 전원 단자에 흐르는 전류

▶ **전자방출물질 (Emissive Material)**

전자의 방출을 촉진하기 위하여 금속전극에 부가하는 물질

▶ **전주 광조도 (Global Illuminance, E_g)**

지구의 수평면상에 주광에 의해 생성된 광조도

▶ **정격 광선속 (Rated Luminous Flux)**

램프를 규정된 상태 하에서 동작시켰을 때 제조자 혹은 책임 있는 구매자에 의해 명시되어진 램프의 초기 광선속값

단위 : lm

* KS : 제조자가 제품에 표시한 광선속

▶ **정격 최대 사용 허용온도**

LED 등기구를 통상의 사용상태에서 이상없이 사용할 수 있는 가장 높은 온도로 제조자가 표시한 온도

비고 : 최대 사용 허용온도가 25℃ 이하인 경우에는 표시하지 않음

▶ **정격 최대 주위 온도(T_a)**

등기구가 정상 동작 상태에서 가장 높게 유지되는 온도를 표시하기 위해 제조자가 등기구에 지정한 온도

비고 : 이것은 $(t_a + 10)$℃를 넘지 않는 온도에서의 임시 동작을 제외시키지 않는다.

▶ **정격(Rating)**

램프의 특정지원 상태에 따라 램프를 동작 시켰을 때의 정격치들

▶ **정격무부하출력 전압**

안정기를 정격 주파수에서, 출력이 무부하 상태이고 과도 및 시작 위상은 무시한 상태에서 정격 공급 전압에 연결할 때의 출력 전압

▷ 정격소비전력 (Rated Electric Power Consumption)

LED에 공급되는 시간당 전기에너지를 말하며, 보통 소비전력은 기능을 수행하며 열과 빛으로 방출하도록 이루어져 있고, LED에 공급되는 전기의 실제 전력을 말한다.

단위 : [W]

▷ 정격전력(Rated Electric Power)

LED를 장시간 사용해도 기기에 손상이 가지 않고 무리없이 사용할 수 있는 최대 전력을 정격전력이라 합니다.

▷ 정격전력 (Rated power)

램프를 규정된 상태에서 동작시켰을 때 제조자 혹은 책임 있는 판매자에 의해명시 되어진 램프의 전력값

단위 : W

▷ 정격전류 (Rated Current)

LED를 안전하고 정상적으로 작동시킬때 흐르는 전류값

단위 : [A] 또는 [mA]

▷ 정격전압 (Rated Voltage)

LED를 안전하고 정상적으로 작동시킬때 흐르는 전압값

단위 : [V] 또는 [mV]

▷ 정격주파수 (Rated Frequency)

LED 등기구에 표시된 주파수

▷ 정격최대온도 (Rated Maximum Temperature, T_c)

정상 동작 조건과 정격 전압/전류/전력 또는 정격 전압/전류/전력 범위의 최대값에서 LED 모듈(지시된 위치에 표시된 경우)의 외부 표면에서 생길 수 있는 최고 허용온도

▶ 정격평균 수명시간

많은 수의 램프 중 50%가 개별적으로 수명이 다할 때까지 예상되는 시간. 제조자가 규정하는

▶ 정전류 구동장치의 정격 출력 전류 (Rated Output Current for Constant Current Control gear)

정격 공급 전압, 정격 주파수와 정격 출력 전력에서 구동장치에 할당되는 출력 전류

▶ 정전압 구동장치의 정격 출력 전압(Rated Output Voltage for Constant Voltage Control gear)

정격 공급 전압, 정격 주파수에서 그리고 정격 출력 전력에서 구동장치에 지정된 출력 전압

▶ 조명률 (Coefficient of Utilization)

조명기구내의 램프에 의해 발생하는 광선속 중 작업면에 들어오는 광선속의 비율

▶ 조명환경 (Luminous Environment)

심리학적이며 물리학적인 효과와 연관되어 고려되어진 조명

▶ 조명효율 [Luminous Efficiency, (lm/W)]

인간의 눈은 가시광영역파장((380~780)nm)의 빛 만 감지할 수 있고, 그 중에서도 파장이 555nm 인 녹색을 가장 잘 느끼며 청색이나 적색에 대하여는 상대적으로 민감도가 떨어진다. 따라서 UV 나 IR 영역의 빛을 발광하는 LED 의 경우 외부양자효율이 매우 높음에도 불구하고 인간의 눈으로 느끼는 빛의 세기는 낮게 인식된다. 이와 같이 가해준 전기적 에너지 당 발광되는 임의의 photons 에 대해 visible effect 를 고려해 준 것이 조명 효율이다. 조명용 백색 LED 의 경우 100lm/W 이상의 조명 효율을 요구한다.

▶ 조사량 (Dose)

광화학, 광치료학 그리고 광생물학에서 조사 노출량을 나타내는 용어
단위 : $J \cdot m^{-2}$

▶ **조사율 (Dose Rate)**

광화학, 광치료학, 그리고 광 생물학에서 복사조도 양을 나타내는 용어

단위 : W·m-2

▶ **종단전압(Terminal Voltage)**

한 개의 컨버터에 여러 개의 LED 모듈을 병렬 연결할 때 컨버터에서 전기적으로 제일 먼 모듈에 걸리는 전압

▶ **종합 광조도 균제도 (E_o)**

작업면상의 대상물의 보임을 좌우하는 표면 광조도 분포의 균일한 정도를 나타내는 값으로 최소 광조도와 평균 광조도의 비(E_{min}/E_{avg})

▶ **종합 균제도 (Overall Uniformity)**

노면광휘도 분포의 균일한 정도를 나타내는 광휘도의 비

▶ **주광 (Daylight)**

Global 태양복사 중 가시부분

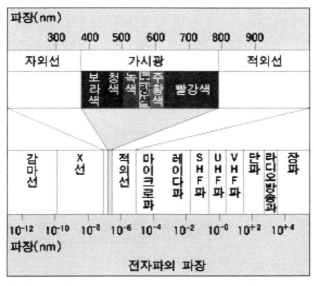

(출처 : http://ask.nate.com/qna/view.html?n=8740548)

▶ 주광률 (Daylight Factor, D)

주광조명에 의해 얻어지는 어떤 점의 광조도와 그 때의 전체 천공광조도의 백분율

비고 : 주광률 D는 어떤점의 광조도를 E, 그 때의 전체 천공광조도를 E_s라 하면 아래의 식으로 표현된다.

$D = E / E_s \times 100$

또한, 광조도 E에는 직사일광에 의한 광조도는 포함되지 않는다.

▶ 주광률의 천공성분 (Sky Component of Daylight Factor, Ds)

추정되거나 알려진 광휘도분포의 천공으로부터 직접(혹은 투명유리를 통한) 받은 주어진 면상의 점에서의 광조도에 대한 이 천공의 명확한 반구로 인한 수평면상의 광조도비

▶ 지향성 복사율 (Directional Emissivity)

같은 온도에서 주어진 방향에서의 복사체의 복사에 대한 흑체 복사의 비

▶ 직(간)접적인 광 화학 효과 (Direct[Indirect] Actinic Effect)

복사 에너지가 흡수되는 곳(이와 동떨어진 곳)에서 발생하는 광 화학적 효과

비고 : 직접적인 광 화학 효과와 간접적인 광 화학 효과의 구분은 주로 생물학적 변화에 따른다. 내분비선의 광 자극은 간접적인 광 화학 효과이다.

▶ 직관형 LED 램프 (Tubular LED Lamp)

외형상 막대모양이며 하나이상의 LED와 전기적, 전자적 구성요소를 포함하여 광원으로 사용하는 장치

▶ 직관형 LED 램프-컨버터 외장형 (Tubular LED Lamp with External Converter)

직류전원을 사용하며 전원공급용 컨버터를 별도로 사용하는 직관형 LED 램프

▶ 직접 광선속 (Direct Flux)

조명장치로부터 직접표면에 받아들여지는 광선속.

◩ **직접 광선속비 (Direct Ratio)**

작업면상의 직접 광선속에 대한 장치의 하향 광선속 비

◩ **직접 눈부심 (Direct Glare)**

시계 내에 위치하는, 특히 시계선상의 근처에 있는 자기발광체에 의해 유발되는 눈부심

◩ **직접 태양복사 (Direct Solar Radiation)**

태양복사 중 지상에 직접 도달하는 부분에 의한 복사조도

◩ **차광각 (Cut Off Angle)**

천정면에 대해 기구내의 램프가 보이지 않게 되는 각도, 차광각의 시선에서 램프는 보이지 않으므로 눈부심이 없다고 생각하기 쉽지만, 차광판 자체가 램프의 반사로 빛나버리면 글레어의 우려도 생김.

  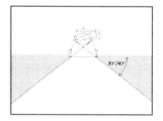

30° cut-off angle   40° cut-off angle

(출처 : http://www.erco.com/products/product-feature/quintessence-technologie-260/cut-off-angle-3865/en_gb/featur-1.php)

◩ **차단각 (Shielding Angle)**

전구가 최초로 보이지 않게 되는 관측자의 전구 차단재쪽으로의 시선과 수평면 사이에 이루어지는 최대각도

◩ **천공 복사 (Diffuse Sky Radiation)**

태양으로부터의 복사 중 공기분자, 먼지, 구름 등에 의해 산란, 반사 또는 재복사된 결과로 천공에서 지표에 도달하는 복사

▶ **청색 광위해 (Blue Light Hazard, BLH)**

400 nm 에서 500 nm 범위의 파장에서 광화학적으로 복사 노출로 생긴 망막의 부상 가능성. 이 손상의 작용은 10 초를 초과하면 열적 손상 작용보다 우세하다.

▶ **초저전압 직류전원 형광등기구**

보통 직류 48V 를 넘지 않고 하나 또는 그 이상 형광 램프에 전력을 공급하는 트랜지스터를 이용한 직류/교류 인버터를 결합한 배터리 전압으로 동작하는 등기구

비고 : 1초 저전압 직류 전원을 공급받는 형광 등기구는 공급 전원보다 더 높은 내부 전원을 만들 수 있고 그래서 제3종일 수 없다. 그러므로 이러한 등기구에 발생 가능한 전기 쇼크 위험을 고려해야 하며 보호해야 한다. 248V 값이 고려 중이다.

▶ **총회로전력 (Total Circuit Power)**

제어장치의 정격 공급 전압과 최고 정격 출력 부하에서 제어장치와 LED 모듈이 소모한 총 전력

▶ **최대출력전압 (Maximum Output Voltage)**

어떤 부하 조건에서 정전류 구동장치의 출력 단자 간에 발생할 수 있는 최대 전압

▶ **최소홍반조사량 (Minimum Erythema Dose, MED)**

감지할 수 있는 홍반을 유발시킬 수 있는 광화학 조사량

▶ **추출효율**

LED 에 주입된 전자와 LED 밖으로 방출되는 광자의 비에 의하여 결정되며 추출효율이 높을수록 밝은 LED 를 의미한다. LED 의 추출효율은 칩의 모양이나 표면 형태, 칩의 구조, 패키징 형태에 의하여 많은 영향을 받기 때문에 LED 를 설계할 때 세심한 주의가 필요하다. LED 의 활성층에서 생성된 빛은 칩의 6 개의 면으로부터 방출되고, 광추출 효율은 일반적으로 광의 임계각에 의하여 결정되며 LED 내부에서 생성된 빛은 대부분 내부 반사에 의하여 밖

으로 방출되지 못한채 LED 내부에서 소멸된다. 미국의 Cree 사는 SiC 기판 위에 성장된 GaN-LED 를 생산하고 있으며, SiC 기판에 각을 형성하여 (inversed truncate pyramid) 임계각을 변화시켜 줌으로서 25 %에서 60 %로 광 추출 효율을 개선 시켰다.

▶ **충전부 (Live Part)**

통상 사용 상태에서 접촉하였을 때 감전 등을 일으킬 수 있는 도전부

▶ **캡온도상승 (Cap Temperature Rise)**

IEC 60360 에 규정된 시험방법에 따라 측정했을 때, 시험용 램프홀더에 부착 된 LED 램프의 캡 표면 온도상승 값

▶ **코히어런트방사 (Coherent Radiation)**

서로 다른 일정한 위상으로 전자기발진을 하는 단색복사

▶ **투과 (Transmission)**

단색광 성분의 복사가 주파수 변경없이 매질을 통과하는 것.

▶ **편광복사 (Polarized Radiation)**

일정한 방향으로 진동하는 전자기복사
비고 : 편광은 직선, 타원형 혹은 원형이 될 수 있다.

▶ **평균수명 (Average Life)**

규정 조건하에서 램프를 동작시켜 수명시험을 하였을 때 개개 램프의 평균 수명을 말하여 수명말기는 규정된 범주에 따라 판정된다.

▶ 포토다이오드 (Photodiode)

반도체와 금속의 접합부 사이 혹은 두개 반도체의 p-n 접합 부근의 광복사의
흡수로 생성되는 광전류를 이용한 광전 검출기

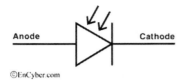

(출처 : http://www.doopedia.co.kr/doopedia/master/master.do?_method=view&MAS_IDX=101013000
866146)

▶ 포토루미네센스 (Photoluminescence)

시각복사의 흡수로 야기되는 발광

▶ 포토트랜지스터 (Phototransistor)

빛의 조사로 생기는 캐리어로 인하여 전류를 증폭시키게 되는 것. 증폭특성
을 가지는 2 중 p-n 접합(p-n-p 혹은 n-p-n) 근방에서 광전효과가 생기는 반도
체를 사용한 수광소자

▶ 플리커 (Flicker)

광휘도 혹은 분광분포가 시간에 따라 변화하는 색자극에 의해 유발되는 시감
의 깜박거림 현상

▶ 플립칩 (Flip Chip)

LED 발광효율을 개선시키기 위한 특징적인 기술로 플립칩 기술을 들 수 있
다. 이 기술은 반도체 칩을 회로 기판에 부착시킬 때 금속 리드(와이어)와 같
은 추가적인 연결 구조나 볼 그리드 어레이(BGA)와 같은 중간 매체를 사용하
지 않고 칩 아랫면의 전극 패턴을 이용해 그대로 융착 시키는 방식. 선 없는
(leadless) 반도체라고도 한다. 패키지가 칩 크기와 같아 소형, 경량화에 유리
하고, 전극 간 거리(피치)를 훨씬 미세하게 할 수 있다. 일반적으로 질화물 반
도체는 절연체인 사파이어 기판 위에 성장하기 때문에 질화물 반도체 표면으
로부터 광을 추출하게 된다. 그러나 사파이어 기판은 열전도도가 좋지 않아

GaN-LED 열방출에 큰 문제점으로 지적되어 왔다. 이러한 문제를 해결하기 위하여 전극을 PCB(Printed Circuit Board) 기판에 패키징하고 사파이어로부터 광을 추출하는 플립칩 기술이 제안되었다. 즉, Ni/Au 의 광 투과성 전극은 로듐(Rh)과 같은 높은 광반사 특성을 갖는 오믹금속 으로 대체하여 빛의 리사이클(재활용)이 되도록 하여 광추출효율을 개선시키게 되고 전극패드 및 질화물 반도체층을 열방출이 용이한 PCB 보드에 부착함으로서 열방출 효율을 개선시킬 수 있다.

▶ 하이츠의 법칙 (Haitz's Law)

10 년마다 LED 가격은 10 배씩 하락하고 성능은 20 배씩 개선 된다는 법칙

▶ 허상 현상 (Sun Phantom)

두드러진 태양 신호 광으로부터의 복사로 인해 생성된 잘못된 광신호.

▶ 헬름홀츠-코라쉬 현상 (Helmholtz-Kohlrausch Phenomenon)

밝은 빛 시감 영역 내에서 광휘도가 일정하게 유지되면서 색 자극의 순도가 증가 함으로 인해 감지된 빛의 밝기 변화

비고 : 감지된 상관색에서는 색 자극의 광휘도 요소를 일정하게 유지하면서 순도를 증가시켰을 때 명도의 변화가 일어 날 수 있다.

▶ 현저성 (Conspicuity)

주변환경 중에서 어느 정도 눈에 띄게 보이는지를 나타내는 램프 또는 물체의 성질

▶ 혼성반사 (Mixed Reflection)

부분적으로는 규칙적이며 부분적으로는 산란되는 반사

▶ 혼성투과 (Mixed Transmission)

부분적으로는 규칙적이며 부분적으로는 산란되는 투과

▶ **화학발광 (Chemi Luminescence)**

화학작용에 의해 방출되는 에너지에 의해 유발되는 발광

▶ **확산; 산란 (Diffusion; Scattering)**

단색광 성분이 주파수가 변경되지 않고 표면 혹은 매질에 의해 여러 방향으로 벗어날 때 복사 빔의 배광이 변화되는 과정

비고 1. 선택성 확산과 비선택성 확산의 구분은 산란특성이 복사파장에 따라 다양 한지의 여부로 판단된다.

▶ **확산반사율 (Diffuse Reflectance, ρ_d)**

입사된 광선속에 대한 반사된 광선속(전체)중 규칙적으로 반사된 부분의 비

단위 : 1

비고 1. $\rho = \rho_r + \rho_d$

2. ρ_r 과 ρ_d 의 측 정결과는 사용된 장비와 측정기술에 의존한다.

▶ **확산투과 (Diffuse Transmission)**

규칙투과가 없는 희미한 빛 단계상에서의 투과에 의한 산란

▶ **확산투과율 (Diffuse Transmittance, γ)**

입사된 광선속에 대한 투과된 광선속(전체) 중 확산하여 투과된 부분의 비

▶ **회로역률 (Circuit Power Factor)**

교류 회로에서는 전압과 전류는 반드시 위상이 같지는 않으므로 전력은 일반적으로 전압과 전류의 곱(積)보다 작다. 지금 전압, 전류의 실효값을 각각 V, I 라 하고, 그 위상값을 φ 라 하면, 전력 P 는 $P = VI\cos\varphi$ 가 된다. 이 $\cos\varphi$ 를 역률이라 하고, 유효전력 P 와 피상전력 VI 의 비로 나타낸다.

▶ **회전대칭배광 (Rotationally Symmetrical Luminous Intensity Distribution)**

축을 포함하는 면에서의 태극선 광도분포 곡선을 축주위로 회전시켜 표현할 수 있는 광도의 분포

▶ 회절 (Diffraction)

장애물에 의한 반사 또는 매질의 불균일성에 의한 굴절로 인하여 파면이 변화하는 현상

▶ 흑체 (Planckian Radiator)

입사된 복사를 모두 흡수하는(즉, 흡수율=1)물체. 복사는 Lambert 의 Cosine 법칙에 따라 총발산능은 Stefan-Boltzmann 의 법칙을, 열복사의 분광분포는 플랭크의 법칙을 따른다. 복사선을 통과시키지 않고 온도가 균일한 주변으로 둘러싸인 공간을 만든 다음 그 주변의 일부에 작은 구멍을 뚫으면 이 복사는 흑체 복사에 가까워진다.

LED조명용어집

▶ **1차 회로 (Primary Circuit)**

AC 전원 공급기에 직접 접속되는 회로

▶ **1차광원 (Primary Light Source)**

물체자신이 갖는 에너지를 복사 에너지로 전환함으로써 빛을 발하는 광원

▶ **2차 회로 (Secondary Circuit)**

1 차 회로에 직접 연결되지 않으며, 변압기, 변환기 혹은 이와 동등한 기기 혹은 전지로부터 전원을 유도하는 회로

▶ **2차광원 (Secondary Light Source)**

1 차광원 또는 다른 2 차광원으로부터 빛을 받아 반사, 투과하여 빛을 발하는 광원

▶ **LED Driver**

입력전압변동이 심하고, 낮은 전압으로 부터 안정된 밝기 및 높은 효율로 LED 를 켜주는 IC

(출처 : http://www.ohled.com/board/forum.asp?rn=20070201016)

▷ LED 모듈 (LED Module)

광원으로 공급되는 장치. 이 모듈은 하나 이상의 LED 외에 광학적, 기계적, 전기적, 전자적 구성요소를 포함할 수 있지만 제어장치는 제외

(출처 : http://www.ledtrailerlights.com/rv/RV-interior-flushmount.htm)

▷ LED 모듈용 전자 구동장치 (Electronic Contolgear For Led Modules)

전원과 하나 또는 그 이상의 LED 모듈 사이에 삽입된 장치로, LED 모듈에 정격 전압이나 정격 전류를 공급하는 역할을 한다. 이 장치는 하나 이상의 개별 부품으로 구성할 수 있으며, 조광, 역률을 보상하고 무선 장해를 억제하는 수단을 내장할 수 있다.

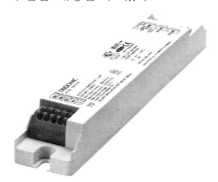

(출처 : http://www.tridonic.com/com/en/9257.asp)

▶ LED가로등기구 (LED Road Luminaires)

자동차 운전자가 도로를 안전하게 주행할 수 있도록 일반적으로 지상 8m 이상 높이에 설치하여 도로 및 도로주변을 조사할 수 있는 LED 등기구

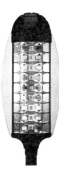

(출처 : http://www.greenproduct.go.kr/app/Prsh0040.do?prod_prod=63683)

▶ LED등기구 (LED Luminair)

하나 이상의 LED 모듈에서 나오는 빛을 퍼뜨리고 이를 지지 및 고정, 보호하는데 필요한 모든 부분 및 LED 모듈 혹은 LED 램프와 전원장치 및 전원에 연결하는데 필요한 부속회로를 포함하는 기기

(출처 : http://www.railway-technology.com/contractors/passenger/lpa/lpa2.html)

▶ LED보안등기구 (LED Safety Luminaires)

보행자의 안전을 목적으로 일반적으로 지상 8m 이내 높이에 설치하는 LED 등기구

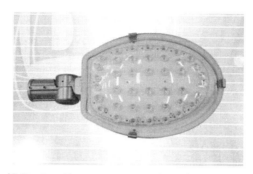

(출처 : http://www.dsatech.co.kr/page/page.php?p=b23#)

▶ LED센서등기구 (LED Sensor Luminaire)

적외선, 초음파, 광조도 등의 센서를 사용하는 LED 등기구

비고 : 일반적으로 LED 등기구는 전원에 영구히 연결되도록 설계되지만 플러그 혹은 그와 유사한 장치에 의해 연결할 수도 있다.

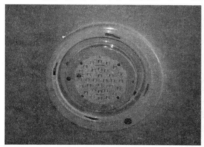

(출처 : http://review.auction.co.kr/Feedback/FeedbackView.aspx?orderNo= 729204714&category=28
070400&itemNo=a511245026)

▶ SMPS (Switching Mode Power Supply)

외부에서 공급되는 교류(AC) 전류를 직류(DC)전류로 전환(Switching)시킨 후,
원하는 각종 전자기기의 조건에 맞는 전압으로 변환시켜 공급하는 장치

▶ X형 부착 (Type X Attachment)

쉽게 교환할 수 있는 전원 코드의 부착방법. 전원코드는 특별히 제작한 것으로 제조자 또는 그 대리점에서만 구할 수 있는 것이어도 된다.

▶ Y형 부착 (Type Y Attachment)

제조자, 대리점, 기타 이와 같은 유자격자가 교환할 수 있는 전원 코드의 부착방법

▶ Z형 부착 (Type Z Attachment)

기기를 파손 또는 파괴하지 않으면 교체할 수 없는 전원 코드의 부착방법

▶ 가늘고 긴 상자형갓 (Troffer)

통상 가늘고 긴 갓을 가진 천장에 설치되는 긴 매입형 조명기구

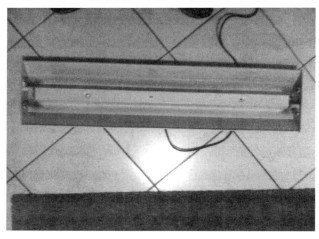

(출처 : http://www.gumtree.com.au/s-ad/dolls-point/other-stuff-for-sale/troffer-lights/1008048273)

▶ 가로조명 (Street Lighting)

주로 보행자를 대상으로 하는 도로의 조명

(출처 : http://inhabitat.com/sustainable-city-street-lights-by-phillips/)

▶ 가시광 무선통신 (Visible Light Communication, VLC)

380nm~780nm 파장의 가시광을 이용한 광학적 무선통신 기술

(출처 : http://www.engadget.com/2007/11/23/fuji-television-demonstrates- visible-light-communic
ations-system/

▶ **감성조명**

심리학적이며 물리학적인 효과와 연관되어 고려되어진 사용자인 인간의 행태를 중심으로 구축한 조명환경

(출처 : http://kr.aving.net/news/view.php?articleId=103971)

▶ **갓 (Shade)**

램프가 직접 보이지 않도록 고안된 불투명 혹은 산란 투과성 재질로 만들어진조명. 기구의 부품 또는 구성요소.

(출처 : http://www.mydesignsecrets.com/2008/06/02/shady-lady/)

▶ **강화 절연 (Reinforced Insulation)**

이중 절연과 동등한 감전 보호 대책을 할 수 있는 충전부에 실시한 절연 계통

▶ **강화유리 유리구 (Hard Glass Bulb)**

높은 연화온도를 가지고 열 충격에 저항성을 지닌 유리로 만든 유리구

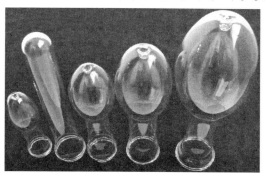

(출처 : http://www.made-in-china.com/showroom/yhsolar/offer-detailveDEsYnJqtpo/Sell-Hard-Glass-Bulb.html)

▶ **거친 환경에서 사용되는 등기구 (Rough Service Luminaire)**

심한 기계적인 취급을 견디도록 설계한 등기구

▶ **건축조명 (Architectural Lighting)**

램프를 천정, 벽, 기둥안에 삽입해서 건축기구와 일체화시킨 조명방식

Lighting: Schreder NEMO Column LED
(출처 : http://www.contractdesign.com/contract/products/Schreder-NEMO -Column-3434.shtml)

▶ 고역률 안정기 (High Power Factor Ballast)

회로 역률이 최소 0.85 이상을 갖는 안정기(진상 또는 지상)

(출처 : http://liyuanlighting.gmc.globalmarket.com/products/details/high-power-factor-ballast-3la
mps-t8-17w-258w-32w-electronic-ballast-552355.html)

▶ 고정 배선 (Fixed Wiring)

등기구가 연결될 고정 설비 부분인 케이블

 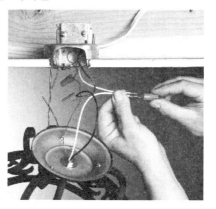

(출처 : http://www.familyhandyman.com/topics/lighting/light-fixtures.htm)

▶ 고정용등기구 (Fixed Luminaire)

기기를 사용하여만 등기구를 제거할 수 있거나 쉽게 닿을 수 없는 용도이기 때문에 한 곳에서 다른 곳으로 쉽게 이동할 수 없는 등기구

비고 : 일반적으로 고정형 등기구는 전원에 영구히 연결되도록 설계되지만 플러그 또는 그와 유사한 장치에 의해 연결할 수도 있다. 예를 들자며, 쉽게 닿을 수 없는 용도의 등기구는 펜던트와 천장에 고정되도록 설계한 등기구다.

(출처 : http://www.ies.org/lighting/sources/luminaires.cfm)

▶ 고정형 구동장치 (Stationary Controlgear)

고정된 구동장치 또는 한 곳에서 다른 곳으로 쉽게 옮길 수 없는 구동장치

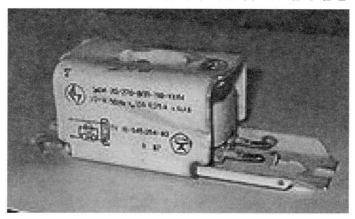

(출처 : http://blog.daum.net/_blog/BlogTypeView.do?blogid=05oOH&articleno=14855340&categoryId=680373&regdt=20080611105029)

▶ 고정형LED등기구 (Fixed Led Luminaires)

하나 또는 그 이상의 발광다이오드(LED)에서 나오는 빛을 퍼뜨리고 거르거나, 변형하고 LED 등기구를 지지하고, 고정하고 보호하는 데 필요한 모든 부분을 포함하며, LED 등기구가 기기의 도움이 있어야만 제거될 수 있거나 쉽게 닿을 수 없는 용도로 의도되었기 때문에 한 곳에서 다른 곳으로 쉽게 이동할 수 없는 등기구, LED 등기구의 부착면을 천장에 바로 부착하는 방식(전원에 연결하는데 필요한 부속 회로를 포함)

(출처 : http://www.globalmarket.com/product-info/20w-fixed-led-luminaires-ad-878786.html)

▶ 공급 전류 (Supply Current)

등기구가 정격 전압과 주파수에서 정상 사용시 안정화되었을 때 공급 단자에 흐르는 전류

▶ 관련 구동장치 (Associated Controlgear)

특정 기기 또는 장비(내장 여부에 관계없음.)를 공급하도록 설계된 구동장치

▷ 관통 배선 (Through Wiring)

한 줄의 등기구를 연결할 수 있도록 고안된, 등기구를 관통하는 배선

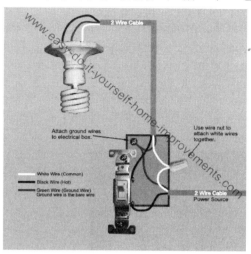

(출처 : http://www.photocar.org/house-wire-light-switches.html/house-wire-light-switches-34098)

▷ 광천정 (Luminous Ceiling)

천정 전면을 확산투과성의 투광 패널(젖빛 플라스틱의 몰드 패널이나 파형 패널)로 덮고, 그 상부에 광원을 배치한 조명방법

(출처 : http://www.fg.hs-wismar.de/de/projekte/ansicht_projekt&pid=223&p=luminous_ceilings_the_perceptual_change_with_modern_day_light_technology)

▶ 광학 장치 (Optical Unit)

하나의 신호 지시를 제공하는 데 필요한 LED 모듈, 렌즈, 보조 부품 등으로, 빛을 발산하기 위하여 설계되는 구성 요소의 조립품

▶ 광확산판 (Light Diffusion Plate)

점이나 선 광원에서 나오는 빛을 면을 따라 확산시켜 발광면 전체적으로 색상 및 밝기가 균일하게 보이도록 해 주는 반투명 부품으로 PC(Polycaboate)에 광 확산제를 섞어서 만듭니다.

(출처 : http://www.evenlit.lightstrade.com/view/83781/Evenlit-LED-Down-Light-Diffusion-Plate.html)

▶ 교통 신호등 (Traffic Signal)

적색, 황색, 녹색 화살표, 녹색의 등화로서 정지, 주의, 회전, 진행 등의 신호를 표시하는 장치이며 차량등과 보행등을 총칭한다.

(출처 : http://zruiming.en.made-in-china.com/offer/WMSEYQUbvmIVSell-LED-Traffic-Signal-Light-JD400-3-3-.html)

▶ **권선의 정격 최대 동작 온도 tw (Rated Maximum Operating Temperature Of A Lamp Controlgear Winding)**

제조자가 최고 온도로 지정한 권선 온도. 이 온도에서 50/60 램프 제어장치는 사용수명이 적어도 10 년(연속 동작)이 될 것으로 예상할 수 있다.

▶ **글로브 (Globe)**

투명 또는 산란투과성 재질로 만들어지며 램프의 대부분을 덮고 그 배광 혹은광색을 변경시키거나 램프를 보호하는 조명기구의 부품 혹은 구성요소.

(출처 : http://www.lastcamping.com/CampingGears/view/755)

▶ **기기 결합장치 (Appliance Coupler)**

구부릴 수 있는 케이블을 자유자재로 등기구에 연결하는 수단. 그것은 2 개의 부분으로 구성되어 있다. 전원에 연결하는 가요 케이블과 일체형이거나 연결되도록 설계한 부품인 접촉 튜브가 제공된 커넥터. 이 부품은 등기구에 조립되거나 고정된 부품인 접촉 핀이 제공된 기기의 인입구

▶ **기능 접지 (Functional Earthing)**

올바른 기능을 위해 필요하지만 감전 방지는 못하며, 어떤 계통/설비/장비에 있는 한 개소의 접지

▶ **기본 등기구 (Basic Luminaire)**

KS C IEC 60598-2 의 요구사항을 만족시킬 수 있는 가장 작은 수의 조립부

▶ **기초 절연 (Basic Insulation)**

감전방지 대책으로서 충전부에 실시한 기초적인 절연

▶ 내부 결선 (Internal Wiring)

등기구 안에 있고 이에 의해 외부 결선이나 전원 케이블의 단자와 램프 홀더의 단자, 스위치 및 이와 유사한 구성요소를 연결한다.

▶ 내장형 LED 모듈 (Built-In LED Module)

조명기구, 상자, 외함 등에 내장된 부품을 교체할 수 있도록 설계되었으며, 특별한 주의사항 없이 조명기구 등의 외부에 부착하지 않도록 고안된 LED 모듈

(출처 : http://www.kumholighting.com/product/product_led_10.asp)

▶ 내장형 램프 구동장치 (Built-In Lamp Controlgear)

박스, 외함 또는 이와 유사한 등기구의 내부에 설치되며, 특별한 예방책이 없다면 등기구 외부에 부착해서는 안 되는 램프 제어장치

▶ 내장형 안정기 내장형 LED 모듈 (Built-In Self-Ballasted Led Module)

조명기구, 상자, 외함 등에 내장된 부품을 교체할 수 있도록 설계되었으며, 특별한 주의사항 없이 조명기구 등의 외부에 부착하지 않도록 고안된 안정기 내장형 LED 모듈

(출처 : http://www.ledjournal.com/main/wp-content/uploads/2012/05/led_newsletter_04-12.htm)

▶ 다운라이트 (Downlight)

통상 천장에 매입되는 빛을 집중시킨 작은 조명기구.

(출처 : http://renatec.en.made-in-china.com/product/uqGEvILOYHhn/China-High-Power-LED-Downlight.html)

▶ 단자 (Terminal)

도선과 전기적 연결을 하기 위해 필요한 등기구 부분

▶ 단자단 (Terminal Block)

도선 사이를 쉽게 상호 연결하기 위해 덮개나 절연 물질의 몸체 안 또는 그 위에 있는 하나 또는 그 이상의 단자 조립품

(출처 : http://blog.daum.net/fan/55)

▶ 도광판 (Light Guide Plate)

BLU 의 휘도와 균일한 조명 기능을 수행하는 부품. LCD 내에서 빛을 액정에 인도하는 BLU 안에 조립되어 있는 아크릴 사출물을 말하며 백색 LED 또는 냉음극 형광 램프(CCFL) 등의 BLU 광원에서 발산되는 빛을 LCD 전체 면에 균일하게 전달하는 역할을 하는 플라스틱 성형 렌즈의 하나

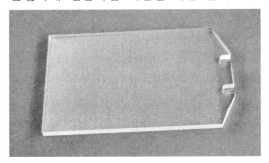

(출처 : http://www.o-digital.com/wholesale-products/2179/2199-3/Light-Guide-Plate-WRLGP001-9 5192.html)

▶ 도구 (Tool)

나사 또는 이와 유사한 고정 수단을 조작하는 데 사용할 수 있는 드라이버, 동전 혹은 그 밖의 물체

▶ 도로조명 (Road Lighting)

자동차 교통용의 도로, 보행자 전용도로 또는 보··차도의 구별이 없는 도로에 교통안전, 범죄방지, 원활한 통행의 보조를 주목적으로 설치하는 조명

(출처 : http://factory.maru.net/tc/7)

▶ **독립형 LED 모듈 (Independent LED Module)**

조명기구, 별도의 상자 또는 외함 등에서 개별적으로 부착하거나 배치할 수 있도록 설계된 LED 모듈. 독립형 LED 모듈은 분류와 표시에 따라 안전에 필요한 모든 보호를 제공한다.

▶ **독립형 SELV 구동장치 (Independent SELV Controlgear)**

KS C IEC 61558 − 1 : 2002 에 따라, 안전 절연 변압기와 같은 수단으로 전원에서 고립된 SELV 출력을 제공하는 구동장치

(출처 : http://www.osram.com/osram_com/products/electronics/ecg-and-dimmers-for-led-modul
es/constant-current-non-dimmable/cc-power-supplies-700%26nbspma/optotronic-ote-35220-2407
00/index.jsp)

▶ **독립형 램프 구동장치 (Independent Lamp Controlgear)**

표시 사항에 따라 별도 외함 없이 등기구 외부에 분리 설치할 수 있도록 설계된 하나 또는 하나 이상의 부품으로 구성된 램프 구동(제어)장치

▶ **독립형 안정기 내장형 LED 모듈 (Independent Self-Ballasted LED Module)**

조명기구, 별도의 상자 또는 외함 등에서 개별적으로 부착하거나 배치할 수 있도록 설계된 안정기 내장형 LED 모듈·독립형 LED 모듈은 분류와 표시에 따라 안전에 필요한 모든 보호를 제공

(출처 : http://www.directindustry.com/cat/industrial-building-equipment/lighting-O-636-_3.html)

▣ 동작 전압 (Working Voltage)

정격 전원 전압에서 전이 상태를 무시하고, 개회로 상태 또는 정상 동작시 어떤 절연을 통해 발생할 수 있는 가장 높은 실효값 전압

▣ 등기구 (Luminaire)

하나 또는 그 이상의 램프에서 나오는 빛을 퍼뜨리고 거르거나, 변형하고 램프를 지지하고, 고정하고 보호하는 데 필요한 모든 부분을 포함하지만, 램프 자체는 포함하지 않고 그것을 전원에 연결하는데 필요한 부속 회로를 포함하는 기기

비고 : 대체할 수 없는 일체형 램프를 가진 등기구는 일체형 램프, 일체형 안정기 내장형 램프에 시험이 적용되지 않는다는 사실을 제외한 등기구로 판단한다.

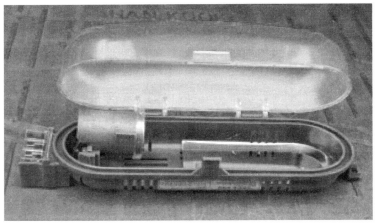

(출처 : http://ed.edmart.co.kr/it_detail.asp?pr_code=0035013150100210)

▣ 램프 구동장치 권선의 최고 허용 온도 (Rated Maximum Operating Temperature Of A Lamp Controlgear Winding, Tw)

50/60 램프 구동장치가 적어도 10 년 연속 동작 수명을 보증할 수 있는 제조자에 의해 정해진 권선의 최고 허용 온도

▶ 램프 구동장치 (Lamp Controlgear)

전원과 하나 또는 하나 이상의 램프 사이에서 공급 전압을 변환하거나, 램프
의 시방에 적합하게 전류를 제한하거나, 시동 전압과 예열 전류를 공급하거
나, 냉시동을 방지하거나, 역률을 조절하거나 전자파 장해를 줄이기 위하여
사용되는 하나 또는 하나 이상의 구성 부품

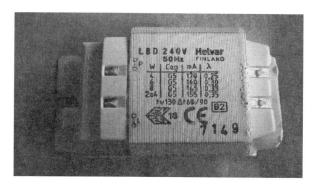

(출처 : http://www.streetlightonline.co.uk/helvarmcfgear.htm)

▶ 램프 제어장치 (Lamp Control Gear)

안정기, 변압기, 감압 컨버터 등과 같이 램프를 제어하기 위한 장치 변압기

▶ 램프 커넥터 (Lamp Connectors)

전기 접점의 수단을 제공하지만 램프를 지지하지 않도록 특수 설계한 접점의
집합

프로젝터 램프 커넥터
(출처 : http://www.korean.molex.com/molex/products/family?key=projector_lamp_connector&chann
el=products&chanName=family&pageTitle=Introduction)

▶ 램프 홀더 (Lampholder)

조명기구를 구성하는 부품으로 광원에 전력을 공급하기 위해 광원의 베이스를 삽입해서 정위치로 유지하는 장치

(출처 : http://davis-liu.en.made-in-china.com/product/eoFmYOsxXakA/China-Lampholder-EE-508-.html)

▶ 렌즈 (Lens)

광학 장치의 빛 전달 요소로서 광원으로부터 신호 등화의 통행 우선권 방향으로 광출력을 분포시키는 기구

(출처 : http://jerryychan.en.made-in-china.com/productimage/aeREYfMPFGlz-2f0j00CMKQlDTdrchJ/China-Optical-Lens.html)

▶ 루버 (Louvre)

확산투과 또는 불투명 차광판을 기하학적으로 배치하고, 광원의 직사광을 주어진 범위 이외에서는 차단하도록 만든 조명기구, 결국 조명기구의 눈부심을 개선하기 위해 루버의 바로 아래 방향에 대해서는 광원의 광휘도특성을 잃지 않고 차광하고 싶은 각도의 방향에 대해서만 휘도를 저하시키는 특성이 있다.

(출처 : http://korean.bedroomlightfixture.com/china-oem_36w_h_tube_matt_aluminum_office_louver_ceiling_fluorescent_led_light_dsp403h_qd_iy_j-353704.html)

▶ 루핑 인 (Looping-In)

각 공급 도선이 같은 단자로 들어가고 같은 단자에서 나오는 2 개 또는 그 이상의 등기구와 주 공급 연결 계통

▶ 리듬라이트 (Rhythmic Light)

주어진 방향에 일정한 주기로 단속적으로 나타나는 신호등

(출처 : http://www.italyaudio.com/rhytmiclight-ITL005.html)

▶ 리어 램프 (자전거, Rearlamp)

자전거의 뒤에 빛을 발하여 자전거의 존재를 표시해 주는 램프

(출처 : http://www.bicyclehero.co.kr/kr/bbb-bls-36-highlaser-bicycle-rear-safety-lamp-led-light. html)

▶ 막장조명기구 (Face Luminaire)

채굴작업 현장을 조명하기 위한 이동형 광산조명기구.

(출처 : http://korean.vl-led.com/buy-high_bay_led_lights.html)

▶ 말단연장등 (Wing Bar)

활주로 끝 등의 외곽라인인 비행장 활주로의 측면에 위치한 barrette. 이는 활주로 반대측의 또 다른 것과 구조적으로 쌍을 이룰수 있다.

▶ 매달림형조명기구 (Pendant Luminaire)

코드, 체인, 튜브 등으로 천장 혹은 벽 지지물에 매달을 수 있는 조명기구

(출처 : http://blog.naver.com/PostView.nhn?blogId=qoxo1004&logNo=100147533891)

▶ 매입용 램프 홀더

등기구나 부가적 외함과 같은 것 안에 설치되도록 설계된 램프 홀더

(출처 : http://korean.alibaba.com/product-gs/t8-double-lamp-fitting-with-reflector-for-fluorescent
-tube-460896832.html)

▶ **매입형LED등기구 (Recessed LED Luminaires)**

하나 또는 그 이상의 발광다이오드(LED)에서 나오는 빛을 퍼뜨리고 거르거나, 변형하고 LED 등기구를 지지하고, 고정하고 보호하는 데 필요한 모든 부분을 포함하며, 부착표면과 부착면이 완전히 또는 부분적으로 후미진 곳에 있도록 제조자에 의해 제조된 등기구, 천장 또는 벽에 LED 등기구의 크기에 맞게 홈을 내어 LED 등기구의 일부분을 부착표면 안으로 매입하는 방식(전원에 연결하는데 필요한 부속 회로를 포함)

(출처 : http://www.techen.co.kr/eng_board/view.php?USeq=7&TName=EngBoard_Bbs_Public_portfolio)

▶ **매입형등기구 (Recessed Luminaries)**

부착 면에 완전히 또는 부분적으로 후미진 곳에 있도록 제조자에 의해 제조된 등기구

비고 : 용어는 밀폐된 움푹 들어간 곳에서 동작하는 등기구와 매달 천장과 같은 표면에 고정될 등기구 양쪽에 적용한다.

▶ 명암등(Occulting Light)

어둠의 시간간격이 매 사이클마다 동일하고 한 주기중의 밝음의 지속시간 합
계가 어둠의 지속시간 합계보다도 명백히 긴 주기성 Rhythmic light.

(출처 : http://www.yourdictionary.com/occulting-light)

▶ 무나사 접지 접점이 내장된 단자단(Terminal Block With Integrated Screwless Earthing Contact)

끼울 때 별도의 조립 행동(예 : 나사 체결) 없이 접지 연결을 내장된 접점을
이용하거나 보조 접점을 이용하여 실시하는 단자

(출처 : http://www.emvetron.si/eng/proizvodi/112)

▷ 문자간판 (Channel Letter Signs)

문자·도형 등을 목재·아크릴·금속재 등의 판에 표시하거나 입체형으로 제작하여 표시하는 광고물

(출처 : http://www.captivatingsigns.com/blog/?Tag=various%20fonts%20of%20channel%20letters)

▷ 반간접 조명

조명기구로부터 나오는 광선속의 (60~90) % 이상이 위쪽으로 조사되고, 나머지 10~40%는 아래쪽으로 조사되는 방식

(출처 : http://terms.naver.com/entry.nhn?docId=269851&mobile&categoryId=1389)

▷ 반사판 (Reflector)

빛의 반사를 이용하여 조사특성을 조절하는 판 형태 기구

(출처 : http://www.traderscity.com/board/products-1/ offers-to-sell-and-export-1/parabolic-glass -reflector-140mm-175mm-for-operating-shadowless-light-lamp-118246/)

▷ 반사형유리구 (Reflectorized Bulb)

내부 혹은 외부표면이 반사형 표면 형태로 되어 빛을 특정 방향으로 보내는 유리구.

▷ 반직접 조명 (Semi-Direct Lighting)

조명기구로부터 나오는 광속의 (60~90) % 이상이 아래쪽으로 조사되고, 나머지 10~40 %는 위로 조사되는 방식

(출처 : http://terms.naver.com/entry.nhn?docId=269865&mobile&categoryId=1389)

▷ 반투명덮개 (Translucent Cover)

램프와 다른 부속 부분을 보호하기도 하는 등기구의 빛 투사 부분.
이 용어는 디퓨저, 렌즈 패널 및 그와 유사한 광 제어 요소를 포함한다.

▶ 발광 다이오드 (Light Emitting Diode)

전류공급시 광학적 복사를 방출하면서, p-n 접합을 구현한 정지형 소자

(출처 : http://ngkgood.egloos.com/886505)

▶ 방폭조명기구 (Luminaire For Explosive Atmosphere;Explosion-Proof Luminaire)

가스폭발 위험이 우려되는 장소에서 안전하게 점등할 수 있도록 밀폐구조로 만든 조명기구. 사용장소에따라 적절한 구조가 법령으로 정해져 있다. 상세한 것은 노동부의 「공장 전기설비 방폭지침」에 따른다. 기구는 내압 방폭구조, 본질 안전증가 방폭구조 3 종류로 구분할 수 있다.

(출처 : http://blog.naver.com/PostView.nhn?blogId=cv325&logNo=80042589754&redirect=Dlog&widget TypeCall=true)

▶ 방향등 (Direction Light)

수평선의 작은 arc 전반에 걸친 한 특성의 신호를 보여주고 특정한 방향을 지시하는데 사용되는 신호등. 또한 이는 유사하지 않은 특성으로 수평선상의 arc 의 모든 면을 지시하는데도 사용된다.

▶ 방향지시등 (Direction Indicator Light)

좌회전 또는 우회전을 하고자 하든가 혹은 하고 있음을 표시하기 위해 차량에 장착되는 1 쌍의 신호등

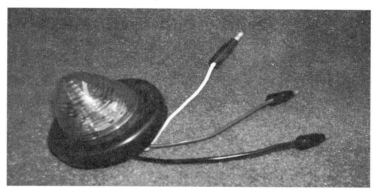

LED 2" Beehive Turn and Park Assembly
(출처 : http://www.the-jeep-guy.com/LIGHTS%20&%20LENSES%20LED%20FRONT%20TURN%20SIGNAL%20LIGHT.jpg)

▶ 배면판 (Back Plate)

시인성을 높이거나 신호등 점등색의 대비를 증가시키기 위하여 신호등 후면에 설치되고 함체와 결합 또는 분리가 가능한 흑색의 불투명한

▶ 베이스 (Base)

램프를 소켓에 지지하고, 전원과 전기적으로 접속하는 기능을 하는 램프 구성요소. 바람직한 재료는 전기저항이 적은 것. 잘 녹슬지 않는 것으로, 일반적으로 황동 또는 알루미늄을 사용

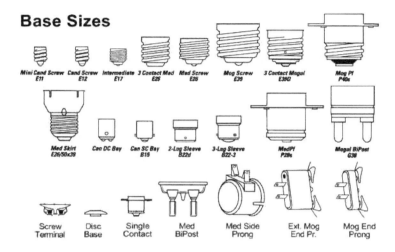

(출처 : http://www.except.nl/consult/artificial-lighting-guide/index.htm)

▶ 보통 가연성 물질 (Normally Flammable Material)

점화 온도가 적어도 200℃℃이며, 이 온도 이하에서 변형이 되거나 약해지지 않는 물질

▶ 보통 등기구 (Ordinary Luminaire)

먼지, 고체 또는 습도에 대한 다른 특별한 보호장치가 없이 전기가 통하는 부분과 돌발 접촉을 방지하는 장치가 있는 등기구

실링 라이트   펜던트 라이트   펜던트 멀티헤드 라이트   플로어 스탠드

(출처 : http://navercast.naver.com/contents.nhn?contents_id=2068)

▶ **보호 도체 전류 (Protective Conductor Current)**

보호 도체에 흐르는 전류

▶ **보호 접지 (Protective Earth (Ground))**

부품의 안전을 위해 부품으로 연결되는 접지 단자

▶ **보호형조명기구 (Protected Luminaire)**

먼지, 습기, 물의 침투에 대해 특별히 보호가 되어있는 조명기구.

비고 : KS C IEC 60598-1에는 아래와 같은 보호형 조명기구들이 있다.
방진형조명기구, 내진형조명기구, 방적형조명기구, 비말방지형 조명기구
방우형조명기구, 방분류조명기구, 방침형조명기구

▶ **복합감지형센서 등기구 (Complex Illuminance Sensor Illuminator)**

적외선, 초음파 및 조도 감지형의 일부 또는 전부로 구성된 복합형 등기구

(출처 : http://review.auction.co.kr/Feedback/FeedbackView.aspx?orderNo=729204714&category=280
70400&itemNo=a511245026)

▶ **부가 절연 (Supplementary Insulation)**

기초 절연이 파손한 경우의 감전 방지 대책으로써 기초 절연에 추가한 독립
적인 절연

▶ **분리형 코드 (Detachable Cord)**

전원 연결이나 상호 연결시 적합한 기기 커넥터를 사용하여 등기구에 연결하
도록 되어 있는 가요성 케이블이나 코드

▶ 브래킷 (Wall Bracket)

벽, 기둥 등의 수직면에 바로 설치하는 조명기구. 특정한 대상물을 비추거나 실내의 엑센트로서 장식을 겸해서 사용

(출처 : http://www.pbradyelectrical.com/images/prods/NA10_full.jpg)

▶ 비가연성 물질(Non-Combustible Material)

연소를 유지할 수 없는 물질

▶ 비상조명(Emergency Lighting)

상용조명의 전원이 고장났을 때 사용되는 조명. 정전시에는 상용 전원에서 즉각 자동적으로 비상 전원으로 전환하여 점등을 계속하며, 피난이나 소화활동에 필요한 밝기를 확보하기 위한 비상용 조명기구이다.

(출처 : http://www.solarpower-tech.com/fire-emergency-lighting.htm)

▶ 비재배선형등기구 (Non-Rewireable Luminaire)

등기구를 영구적으로 사용할 수 없게 하지 않고서는 범용 공구를 사용하여 가요 케이블이나 코드를 등기구와 분리할 수 없도록 설계된 등기구

비고 : 범용 공구는 드라이버, 스패너 등이 있다.

▶ 서스팬션전선 (Suspension Wire)

등기구에 부착되어 등기구의 무게를 지탱하는 전선

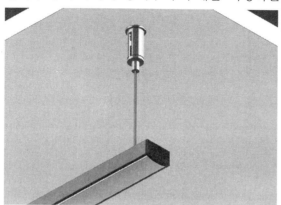

(출처 : http://www.lightculture.com.au/products/downhill-dan-10/)

▶ 서치라이트 (Searchlight)

큰 광속의 광원을 사용해 빔의 넓이가 특히 좁고 축광도를 높여 거의 평행으로 내는 투사기.

보통 구경은 0.2m 이상으로 상당히 먼 거리까지 빔이 도달된다.

(출처 : http://discohirephilippines.blogspot.kr/2010/01/promotional-search-light-spaceflower.html)

▶ 선미등 (Stern Light)

선미에 설치되어 선미방향으로 백색 정상광을 보이도록 설계한 항해등

(출처 : http://www.keishamarine.com/catalog/Electrical_Equipment_and_Products-1172-48.html#)

▶ 설계 전압 (Design Voltage)

모든 램프 구동장치 특성에 대하여 제조가 선언한 전압. 이 값은 정격 전압 범위 최대값의 85 이상이어야 한다.

▶ 설치 면 (Mounting Surface)

방식에 무관하게, 등기구가 정상 사용시 부착되거나 매달리거나 그 위에 세워져 있거나 또는 그 위에 있고 등기구를 지지하기 위한 건물과 가구 또는 다른 구조물의 부분

▶ 섬광등 (Falshing Light)

한 주기중의 밝음의 지속시간이 어둠의 지속시간 보다 명백히 짧고 또한 동일 시간간격 내에서 주기적으로 빛을 발하는 등.

(출처 : http://www.shutterstock.com/pic-3157793/stock-photo-orange-flashing-light-clipping-path-is-included.htmlv)

▶ 소켓 (Lampholder)

조명기구를 구성하는 부품으로 광원에 전력을 공급하기 위해 광원의 베이스를 삽입해서 정위치로 유지하는 장치

(출처 : http://davis-liu.en.made-in-china.com/product/eoFmYOsxXakA/China-Lampholder-EE-508-.html)

▶ 수동 (By Hand)

도구의 사용이 필요하지 않음을 말한다.

▶ 쉽게 타기 쉬운 물질 (Eadily Flammable Material)

보통 가연성 물질로 또는 비가연성 물질로 분류할 수 없는 물질

▶ 시험용 램프 (Reference Lamp)

기준 안정기와 관련하여, 관련 램프 표준에 규정한 정격값에 근사한 전기적 특성을 갖는 안정기를 시험하기 위해 선택한 램프

▶ 시험용 안정기 (Reference Ballast)

안정기를 시험하는데 사용하고 기준 램프를 선택하기 위한 비교 표준을 제공할 목적으로 고안되었으며, 전류, 온도, 자기 환경의 변화에 비교적 영향을 덜 받는 안전한 전압 대 전류비의 특성을 갖는 특수 유도성 안정기(KS C IEC 60921 의 부속서 C 와 KS C IEC 60923 의 부속서 A 참조)

▶ 시험용 안정기의 교정 전류 (Calibration Current Of A Reference Ballast)

시험용 안정기의 교정과 조절에 따라 결정되는 전류값

▶ **신호 지시 (Signal Indication)**

신호 등화가 표시하는 녹색, 황색, 적색으로 차량이나 보행자의 이동을 지시하는 것

▶ **신호등 머리 (Signal Head)**

한 방향, 양 방향 또는 여러 방향을 지시하는 신호등 면 내의 하나 또는 그 이상의 교통 신호등 렌즈의 배열을 말하며, 이는 하나 이상의 광학 장치로 이루어진 기구로서 함체, 설치 받침대, 챙, 배면판을 말한다.

▶ **신호등 면 (Signal Face)**

동일 접근 방향에서 볼 수 있는 신호등의 전면으로서, 특정 방향으로 신호를 제공하기 위하여 통상 2 개 이상 5 개 이하의 렌즈 조합으로 등화기를 결합시킨 조립체 단면

▶ **신호등 부분품 (Signal Section)**

신호등 면 중 1 개의 렌즈만을 포함하는 광학 장치 일체

▶ **신호등 (Signal Light)**

광신호를 방출하도록 고안된 장치나 물체

▶ **안전 초저전압 (Safety Extra Low Voltage, SELV)**

KS C IEC 61558 – 2 – 6 또는 이에 상당하는 표준에 따라 안전 절연 변압기의 1 차 회로와 2 차 회로 사이 절연보다 높은 절연에 의하여 전원 공급기에서 절연되는 회로의 초저전압(ELV)

▶ 안전 초저전압과 동등한 구동장치 (Safety Extra-Low Voltage-Equivalent Controlgear)

(현재 제정 중) 출력 전압이 SELV에 동등한 하나 이상의 LED 모듈을 작동시키는, 내장형 또는 관련 구동장치.

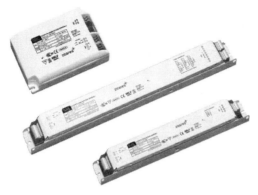

(출처 : http://www.led-professional.com/products/led-driver-ics-modules/quality-and-reliability-in-led-lighting-applications-bag-launches-new-electronic-control-gear-for-led-modules)

▶ 안전조명 (Safety Lighting)

잠정적인 위험으로부터 사람을 안전하게 보호하기 위한 비상조명의 일종.

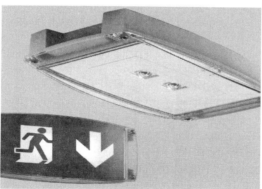

(출처 : http://www.directindustry.com/prod/cooper-lighting-and-safety/led-safety-lighting-emergency-exit-29464-890927.html)

▷ **안전조명기구 (Permissible Luminaire)**

폭발성 메탄가스 혹은 석탄먼지 등이 존재하는 지역에 사용하게 끔 고안되고 시험된 광산 조명기구

(출처 : http://www.solusource.com/TomInfo/ui/default.aspx?callerid=24&Criteria=2&id=18411&compid=3762&key=Latest+Press+Releases&rowIndex=3)

▷ **안정기 권선 절연 성능의 저하 (Degradation Of Insulation Of A Ballast Winding)**

안정기 절연 성능의 저하를 결정하는 상수

▷ **안정기 내장형 LED 모듈 (Self-Ballasted Led Module)**

공급 전압에 연결하도록 고안된 LED 모듈

▷ **안정기 (Ballast)**

공급기와 하나 이상의 방전 램프 사이에 삽입된 장치로서 인덕턴스, 정전용량 혹은 인덕턴스와 정전용량을 조합하여 주로 램프 전류를 요구값으로 제한하는 역할을 한다.

공급 전압을 변환하는 수단 및 시동 전압, 예열 전류를 공급하는 데 도움을 주며 냉 음극 시동을 방지하여 반짝임(stroboscopic) 현상을 감소시키며 전원 요소를 개선하고, 전자파 장해를 억제하는 장치를 포함할 수 있다.

▷ **안정화 시간 (Stabilisation Time)**

LED 광원이 일정한 전기적 입력에 대하여 안정된 광출력을 나타낼 때 까지의 시간

▶ **어긋남빔전조등 (Dipped-Beam Headlight; Low-Beam Headlight)**

차량전방에 있는 사람에 대하여, 특히 접근해오는 차량의 운전자에 대하여 과도한 눈부심을 느끼지 않도록 조명하게끔 설계된 전조등

▶ **에이징 (Ageing)**

LED 광원이 초기값을 가지기까지의 사전준비과정

▶ **연결 케이블 (Inter-Connecting Calble)**

등기구 제조자가 공급한 것으로 등기구의 일부로 간주할 수 있는 등기구의 두 주요 부품의 배선 또는 배선 조립체

(출처 : http://blog.naver.com/PostView.nhn?blogId=mlee4859kmh&logNo=110128141639&beginTime=0 &jumpingVid=&from=section&redirect=Log&widgetTypeCall=true

▶ **외부 가요 케이블 또는 코드 (External Flexable Cable Or Cord)**

다음의 부착 방법 중 하나에 따라 등기구에 고정되거나 등기구와 함께 조립된, 입력/출력 회로에 외부 연결하기 위한 가요 케이블 또는 코드

▷ **외부 결선 (External Wiring)**

일반적으로 등기구 밖에 있지만 함께 인도되지는 않는 배선

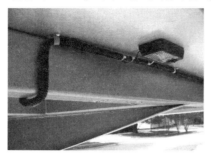

(출처 : http://todd.redwrench.com/Electrical.htm)

▷ **외피형캡 외피형 베이스 (Shell Cap; Shell Base))**

매끄러운 원통형 shell 을 가지는 캡(국제적으로 S 라고 나타낸다).

(출처 : http://www.wdmusic.co.uk/dome-knob---abalone-shell-cap---red--black-2487-p.asp)

▷ **외함**

전자파가 방출되거나 침투하는 기기 외함의 물리적인 경계

▷ **외함이 없는 램프 홀더**

감전 보호 측면에서 외함과 같은 추가 수단이 이 규격의 요구 사항을 만족시키도록 설계된 매입용 램프 홀더

▷ **외함이 있는 램프 홀더**

전기 충격으로부터의 보호에 관하여 이 규격의 요구 사항을 자체적으로 만족시키도록 설계된 매입용 램프 홀더

▶ 월-워셔 (Wall-Washer)

벽면을 균제도를 높게 조명하기 위한 연출수법으로 벽면을 더욱 균일한 이미지로 연출

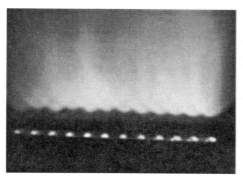

(출처 : http://www.tradevv.com/chinasuppliers/ledkathy999_p_13797f/china-LED-Wall-washer.html)

▶ 위험경고등 (Hazard Warning Signal)

차량뒤에 설치하여 지시등이 동시에 모든 방향으로 동작하게끔 한 것으로 차량이 특별한 위험에 있다는 것을 다른 차량에 표시하기위해 사용됨.

▶ 유도조명기구 (Induction Luminaire)

조명기구에 일체화된 부분인 변압기의 개방 자기장 회로로 전기회로망에 연결된 광산조명기구.

(출처 : http://ko.aliexpress.com/item/Guaranteed-100-high-quality-free-maintenance-aluminum-mining-lighting-induction-lamp-factory-light-factory-direct-sales/389768854.html)

▶ 이동형LED등기구 (Portable LED Luminaires)

전원에 연결된 채로 한 곳에서 다른 곳으로 쉽게 옮겨질 수 있는 LED 등기구

비고 : 플러그에 연결될 비분리형 가요 케이블 혹은 코드가 있는 벽에 고정할 용도의 등기구와 손으로 그 지지대에서 쉽게 제거될 수 있도록 날개 나사(Wing Screw), 클립 혹은 후크 에 의해 지지대에 고정될 등기구는 이동형 등기구로 간주한다.

(출처 : http://news.thomasnet.com/fullstory/Portable-LED-Spotlight-has-double-joint-suction-cup -mount-605310)

▶ 이동형조명기구 (Portable Luminaire)

전원이 연결된 상태일지라도 한 장소에서 다른 장소로 쉽게 이동할 수 있는 조명기구

(출처 : http://www.magnalight.com/pc-50586-279-vapor-proof-waterproof-led-trouble-light-hand- lamp-drop-light-with-cord-reel-10-watt-led-bulb.aspx)

▶ 이중 절연 (Double Insulation)

기초 절연과 부가 절연으로 이루어진 절연

▶ 일반용등기구 (General Purpose Luminaries)

특별한 목적에 맞게 설계되지 않은 등기구

비고 : 일반적인 목적의 등기구의 예는 펜던트, 스포트라이트와 설치형 또는 매입형 고정하는 등
기구를 포함한다. 특별한 목적의 등기구의 예로는 거친 용도, 사진과 필름용 및 수영장에
사용하는 것이 있다.

| 실링 라이트 | 펜던트 라이트 | 펜던트 멀티헤드 라이트 | 플로어 스탠드 |

| 스포트라이트 | 테이블 스탠드 | 데스크 스탠드 | 헤드 브래킷 | 회전 브래킷 |

(출처 : http://navercast.naver.com/contents.nhn?contents_id=2068)

▶ 일체형 LED 모듈 (Integral LED Module)

조명기구의 부품을 교체할 수 없도록 고안된 LED 모듈

▶ 일체형 구성요소 (Integral Component)

등기구에서 대체가 불가능한 부분을 이루거나 등기구와 별개로 시험할 수 없
는 부품

출처 : http://www.weiku.com/products/6415887/2011_new_led_car_angel_light_high_powr_E8_6V_5W.html)

▶ 일체형 램프 구동장치 (Integral Lamp Controlgear)

조명 장치와 분리할 수 없으며, 분리하여 별도로 시험할 수 없는 램프 구동 장치

(출처 : http://gigglehd.com/zbxe/7929898)

▶ 일체형 램프 홀더 (Integral Lampholder)

램프를 지지하고 램프를 전기적으로 접속하며 등기구의 일부분으로 설계된 등기구의 부품

(출처 : http://www.ace-hydroponics.co.uk/products-page/lighting/)

▶ 일체형 안정기 내장형 LED 모듈 (Integral Self-Ballasted LED Module)

일반적으로 조명기구의 일부를 교체할 수 없도록 설계한 안정기 내장형 LED 모듈

(출처 : http://www.newscenter.philips.com/kr_ko/standard/about/news/press/article-20100415.wpd)

▶ **일체형램프홀더**

램프를 지지하고 램프를 전기적으로 접속하며 등기구의 일부분으로 설계된 등기구의 부품

(출처 : http://ko.aliexpress.com/item/Free-CPAM-Shipping-10pcs-lot-lamp-holder-led-adapter-converter-E27-to-E14-diameter-39mm-h66mm/347478846.html)

▶ 임펄스 내전압 범주 (Impulse Withstand Categories)

과도 과전압 상태를 정의하는 숫자 임펄스 내전압 카테고리 I, II, III, IV 를 사용한다.

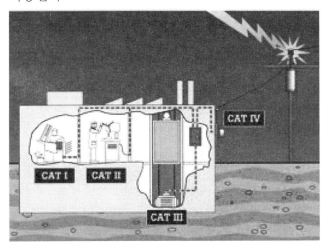

(출처 : http://datasheetoo.com/semiconductor-article/understanding-overvoltage-categories-for-your-safety.html/attachment/overvoltage-installation-categoriesjpg)

▶ 입력 전류 (Supply Current)

전체 램프 회로나 램프 구동장치에 입력되는 전류

▶ 자기차폐 램프 (Self-Shielded Lamp)

등기구에 UV 방출이나 램프 산란을 방지하는 보호 차폐물이 필요없는 텅스텐 할로겐 램프 또는 금속 할로겐화물 램프

(출처 : http://blog.displayit.com/trade_show_marketing/2011/08/trade-show-phrase-of-the-day-las-vegas-approved.html)

▶ 장등 (Mast-Head Light)

배의 중심선상에 설치되어 뱃머리 방향과 양옆방향으로 백색의 정상광을 발하는 항해등

(출처 : http://www.force4.co.uk/5978/Aqua-Signal-Series-25-Masthead-Light.html)

▶ 재배선형 등기구 (Rewireable Luminaire)

범용 공구를 사용하여 가요 케이블이나 코드를 교체할 수 있도록 설계된 등기구

▶ 전기-기계적 접촉 시스템 (Electro-Mechanical Contact System)

램프 홀더가 있는 주요 부분과 전기적, 기계적으로 베이스 플레이트와 지지 기기와 연결하는 등기구 내의 연결 시스템. 그것은 조절 기기와 결합할 수도 하지 않을 수도 있다.

(출처 : http://www.directindustry.com/industrial-manufacturer/relay-interface-60979.html)

▶ 전반/국부조명 병용방식 (Task & Ambient Lighting)

넓은 실내공간에서 각 구역별 작업성이나 활동영역을 고려하여 일반적인 장소에는 평균광조도로 조명하고, 세밀한 작업을 하는 구역에는 고광조도로 조명하는 방식

전반 조명   국부 조명   전반 국부 병용 조명

(출처 : http://blog.naver.com/PostView.nhn?blogId=wwangs07&logNo=140013237551&parentCategory No=14&viewDate=&currentPage=1&listtype=0)

▶ 전반조명 (General Lighting)

천장전체에 다수의 조명기구를 규칙적으로 배치하여 실내의 작업면 전체에 거의 균일한 조도를 부여하여 실내 전체를 일정하게 조명하는 가장 대표적인 조명방식

(출처 : http://kr.aving.net/news/view.php?articleId=246854)

▶ 전반확산 조명 (General Diffuse Lighting)

위아래로 향하는 빛의 양이 40~60%로 균등하게 확산 배분되는 조명방식

(출처 : http://terms.naver.com/entry.nhn?docId=270540&mobile&categoryId=1389General diffuse illumination Modern Wall Light

▶ 전방안개등 (Front Fog Light)

전방의 어려운 가시도를 가진 길을 조명하기 위한 것으로 통상 되돌아오는 빛을 분산시켜 운전자에게 돌아오는 양을 약화시키는 위치에 부착된 투사기

(출처 : http://blog.naver.com/wowlive8?Redirect=Log&logNo=50130998027)

▶ **전압 범위 (Voltage Range)**

기기가 동작되는 입력 전압의 범위

▶ **전원 코드 (Supply Cord)**

전원을 공급하기 위한 것으로 등기구에 고정되는 외부 가요성 케이블이나 코드

(출처 : http://adamsun.en.made-in-china.com/product/uMgmfQyTvLWv/China-Power-Supply-Cord-Power-Outlet-Strip.html)

▶ **전원선 소켓 – 콘센트 부착 조명기기 (Mains Socket-Outlet-Mounted Luminaire)**

전원에 부착하고 연결하는 수단으로 일체형 플러그가 있는 등기구

▶ **전원선 소켓 – 콘센트 (Mains Socket-Outlet-Mounted Luminaire)**

전원선 플러그의 핀이나 블레이드와 체결되도록 설계된 소켓 – 콘센트가 있으며, 케이블이나 코드를 연결하는 단자가 있는 부속품

▶ **전자기내성 성능 기준 A**

시험 중에 광도가 변하지 않아야 하고, 제어 기기는 의도한 대로 시험 중에 작동해야 한다.

▶ **전자기내성 성능 기준 B**

시험 중 광도가 다른 값으로 변할 수도 있다. 시험 후에 광도가 1 분 내에 초기값으로 회복되어야 한다. 제어 기기가 시험 중 기능을 하지 않았지만, 시험 후에 제어 기기의 모드가 시험 중에 주어진 모드에 변화 없이 시험 전과 같아야 한다.

▶ **전자기내성 성능 기준 C**

시험 중과 시험 후에 약간의 광도 변화는 허락되고, 램프가 꺼질 수도 있다. 시험 후 30 분 이내에 주전원 및 제어 기기 동작의 일시적인 차단으로 모든 기능이 정상으로 돌아와야 한다.

▶ **전조등 (Headlight; Headlamp)**

차량의 전방도로 및 전경을 비추기 위하여 차량에 장착되는 투사기

(출처 : http://ko.wikipedia.org/wiki/%EC%A0%84%EC%A1%B0%EB%93%B1)

▶ **접촉 전류 (Touch Current)**

어떤 설비 혹은 장비의 닿을 수 있는 부분에 접촉할 때 인체 혹은 물체를 관통하는 전류

▶ **정격 무부하 출력 전압** (Rated No-Load Output Voltage)

　　안정기를 정격 주파수에서, 출력이 무부하 상태이고 과도 및 시작 위상은 무시한 상태에서 정격 공급 전압에 연결할 때의 출력 전압

▶ **정격 소비 전력** (Rated Wattage)

　　제조자가 지정한 소비 전력

▶ **정격 전압** (Rated Voltage)

　　제조자가 지정한 공급 전압

▶ **정격 최대 온도** (Rated Maximum Temperature, Tc)

　　정상 동작 조건과 정격 전압/전류/전력 또는 정격 전압/전류/전력 범위의 최대 값에서 LED 모듈(지시된 위치에 표시된 경우)의 외부 표면에서 생길 수 있는 최고 허용 온도

▶ **정격 최대 주위 온도** (Rated Maximum Ambient Temperature)

　　등기구가 정상 동작 상태에서 가장 높게 유지되는 온도를 표시하기 위해 제조자가 등기구에 지정한 온도

▶ **정류 효과** (Rectifying Effect)

　　한쪽 캐소드가 끊어지거나 불충분한 전자 방출이 될 때 등 램프 수명 말기에 발생할 수 있는 현상으로 연속 반사이클의 아크 전류 파형이 같지 않은 효과

▶ **제0종 등기구** (Class 0 Luminaire)

　　감전 방지 대책이 기초 절연에 의존하는 등기구. 이것은 기기를 부착하는 고정 배선의 보호 도체에 사람이 닿을 수 있는 도전부를 접수하는 방법이 있고, 기초 절연이 파손된 경우 의존할 수 있는 것은 주위 조건에 있다는 것을 의미한다.

▶ **제1종등기구** (Class 1 Luminaries)

　　감전 방지 대책을 기초 절연에만 의존하지 않고 기초 절연이 파손된 경우에 사람이 닿을 수 있는 도전부에 전기가 통하지 않도록 사람이 닿을 수 있는 도전부를 고정 배선의 보호 정지선에 접속하는 것으로 추가적인 안전 대책을

갖추고 있는 기기

비고 1. 가요 코드나 케이블과 함께 사용하도록 고안된 등기구의 경우 이 조항에는 보호 도체
가 가요 코드나 케이블의 일부로 포함된다.

2. 제1종 등기구에는 이중절연이나 강화절연을 한 부품이 있을 수 있다.

3. 제1종 등기구에는 감전 방지가 안전 초저전압(SELV)에서의 동작에 의존하는 부품이
있을 수 있다.

▶ 제2종등기구 (Class Ii Luminaire)

감전보호 방지대책을 기본절연에만 의존하지 않고 이중 절연 또는 강화 절연
과 같은 추가적인 안전 예방책을 갖추고 있는 기기를, 보호 접지 또는 부착
상태에 의존하지 않는 기기

(주) 1. 등기구는 다음과 같은 유형 중에 하나일 수 있다.

a) 적어도 강화 절연에 의해 전기가 통하는 부분과 분리되어 있는 이름판, 나사 및 리벳
과 같은 작은 부분을 제외한 모든 금속부를 포함하는 내구성 있고 실질적으로 연속적
인 절연외곽을 가지고 있는 등기구. 그러한 등기구는 절연외함 제Ⅱ종 등기구라 불
린다.

b) 이중 절연의 적용이 명확히 실행 불가능하기 때문에 강화절연이 사용된 부분을 제외
한 이중 절연이 전체에 걸쳐 사용된 실질적으로 연속적인 금속 외곽을 가지고 있는
등기구. 그러한 등기구는 금속 외함 제Ⅱ종 등기구라고 불린다.

c) 위의 a)형과 b)형의 조합한 등기구

2. 절연 외함 제Ⅱ종 등기구의 외곽은 보조 절연 혹은 강화 절연의 일부 혹은 전체를 구성
할 수 있다.

3. 접지가 시동을 보조하기 위해 제공되지만 접근하기 쉬운 금속 부분에 연결되지 않는다
면 등기구는 여전히 제Ⅱ종 등기구로 간주한다. 부속서 A의 시험이 그것들이 전기가
통하는 부분이라는 것을 입증하지 않는다면 램프 캡, 껍질 및 램프의 시동 스트라이프
는 접근하기 쉬운 금속 부분으로 간주되지 않는다

4. 전체에 걸쳐 이중 절연과 (혹은) 강화절연이 되어 있는 등기구가 접지 단자 혹은 접지
접촉을 가지고 있다면 그것은 제Ⅰ종 구조이다. 하지만 고리 모양의 고정형 제Ⅱ종 등기
구는 등기구 내에서 끝나지 않는 접지 도선의 전기적 연속성을 유지하기 위한 내부 단
자를 가질 수도 있고 단자가 제Ⅱ종 절연에 의해 접근하기 쉬운 금속 부분으로부터
절연된다.

▶ 제3종등기구 (Class LII Luminaire)

안전 초저전압(SELV)의 전원으로 등기구 내의 감전 보호를 하고 SELV 보다
높은 전압이 형성되지 않는 등기구

비고 : 제3종 등기구는 보호 접지에 대한 수단이 제공되어서는 안 된다.

▶ 제동등 (Brake Light; Stop Light)

제동조작중임을 후방에 표시하기 위해 차량에 장착한 신호등.

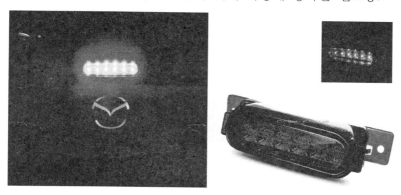

(출처 : http://articles.dashzracing.com/04-05-06-07-08-mazda-rx8-led-3rd-brake-light/)

▶ 제어 단자 (Control Terminals)

안정기와 정보를 교환할 때 사용하는, 전원 단자 이외 전자 안정기 연결부

▶ 제어 신호 (Control Signal)

아날로그, 디지털 또는 그 밖의 수단으로 안정기와 정보를 교환하기 위해 변조될 수 있으며, AC/DC 전압이 될 수 있는 신호

▶ 제어형 안정기 (Controllable Ballast)

전원선이나 특별 제어 입력을 통하는 신호를 사용하여 램프 동작 특성을 변화시킬 수 있는 전자식 안정기

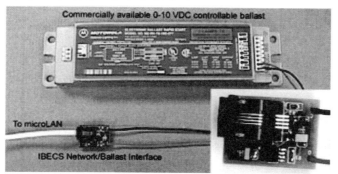

(출처 : http://eetd.lbl.gov/newsletter/nl10/eetd-nl10-3-ibecs.html)

▷ 조광기(디머) (Dimmer)

조명설비내의 램프광선속을 변화시킬 수 있도록 전기회로 내에 설치하는 장치

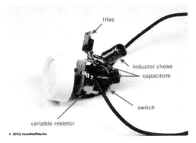

(출처 : http://home.howstuffworks.com/dimmer-switch5.htm)

▷ 조명기구 (Luminaire)

하나 이상의 램프에서 방출된 빛을 분산, 여과, 변환하며 램프 자체를 제외하고 램프를 고정하고 보호하는데 필요한 모든 부분과 필요한 경우 이들을 전원에 연결하는 수단을 구비한 보조 회로를 포함하는 장치

단어 "조명기구"와 "램프 장치"는 종종 동의어로 가정한다. 이 규격에서 단어 "조명기구"는 전반 조명에서 빛을 분산시키는데 사용하는 장치를 의미하며, "램프 장치"는 전반 조명 응용 이외에서 램프 사용을 의미한다.

▷ 조작형등기구 (Adjustable Luminaries)

조인트, 상승 및 하강 장치, 망원경 튜브 또는 유사한 장치에 의해 돌리거나 움직이게 하는 등기구

비고 : 조작형 등기구는 고정용 또는 이동용일 수도 있다.

▷ 조정 수단 (Means Of Adjustment)

등기구를 사용하는 동안 가령 광선 방향을 바꾸는 등 명백하게 사용자가 조작하도록 되어 있는 등기구의 일부를 말하며, 램프 격실이 될 수도 있다.

▷ 조합등기구 (Combination Luminaries)

다른 부분과 교체할 수 있는 1 개 또는 그 이상의 부품을 조합한 기본 등기구로 이루어지거나 다른 부품과 다른 조합으로 사용되고 손이나 도구를 써서 바꿀 수 있는 등기구

▶ **주요 부분 (Main Part)**

지지 표면에 고정하거나 직접적으로 매달리거나 그 위에 있어야 될 것(이것은 램프 및 램프 홀더 부속 기어를 가지고 있을 수도 없을 수도 있다).

▶ **주차등 (Parking Light)**

차량이 주차지역 내에 있다는 것을 나타내기 위해 차량에 장치한 신호등.

▶ **주행등 (Taxiing Light)**

지상을 주행중인 항공기 전방의 지상을 비추기 위해 항공기에 장착되는 투사기

▶ **주행빔전조등 (Main-Beam Headlight; High-Beam Headlight(Usa))**

차량전방의 거리를 조명하도록 설계된 전조등.

(출처 : http://www.ehow.com/list_5969845_headlight-high-beam-rules.html)

▷ 지표항공등 (Aeronautical Ground Light)

항공기의 운행을 돕기 위해 땅위나 물위에 설치한 신호등

(출처 : http://www.airport-int.com/article/airfield-ground-lighting.html)

▷ 지향각 (Beam Angle)

최대 광량의 좌우 50% 지점의 측정각도

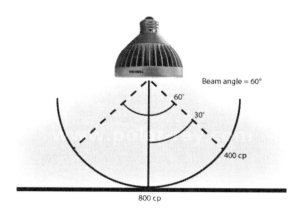

Beam Angle Illustration

(출처 : http://www.polar-ray.com/FAQ_ep_40.html)

▶ 직류 전자식 안정기 (D.C. Supplied Electronic Ballast)

반도체 소자를 사용하여 직류에서 교류로 변환하는 인버터. 하나 또는 하나 이상의 형광 램프에 안정한 전력을 공급하는 부품을 포함한다.

(출처 : http://www.aelight.com/content/ballast-metal-halide-1424w-0)

▶ 직류/교류 전원 구동장치 (D.C./A.C. Supplied Controlgear)

하나 또는 그 이상의 LED 모듈을 운용하기 위한 안정화 소자를 내장한 구동 장치

(출처 : http://www.canakit.com/2a-universal-ac-dc-converter-power-supply- kit-ck352-uk352.html)

▶ 직접 조명 (Direct Lighting)

조명기구로부터 나오는 광선속의 90% 이상이 아래쪽으로 조사되는 배광의 조명기구에 의해 작업면 등의 피조사면을 직접 조사하는 방식

(출처 : http://terms.naver.com/entry.nhn?docId=270621&mobile&categoryId=1389)
(출처 : http://www.esi.info/detail.cfm/iGuzzini-UK-Ltd/FrameWoody-direct- lighting/_/ R-31279_GU3 1NE)

▶ 직접-간접조명 (Direct-Indirect Lighting)

전반 확산 조명 중 측방에 발광하지 않는 것

(출처 : http://www.smgov.net/Departments/OSE/Categories/Energy/Efficient _Lighting.aspx)

▶ 차폭등 (Front Position Light[Rear Position Light; Tall Light)

차량의 존재와 그 폭을 진행방향에 표시하기 위해 차량에 장치한 신호등.

▶ 착륙등 (Landing Light)

착륙 또는 이륙할 때, 항공기 전방의 지상을 비추기 위하여 항공기에 장착되는 투광기. 이 투광기는 항공기가 착륙진입 중에도 매우 잘 보이는 빛을 투사하는 것으로 자주 사용된다.

(출처 : http://www.aerospaceweb.org/question/electronics/q0219.shtml)

▶ **챙 (Visor)**

시야를 제한하거나 허상 현상을 줄이기 위하여 신호등 광학 장치 앞부분에 설치하는 장치

▶ **초저전압 (Extra Low Voltage)**

도체 사이에, 혹은 도체와 접지(KS C IEC 60449 의 전압 대역 I) 사이에서 교류 실효값 50 또는 비맥동 DC 120 를 초과하지 않는 전압

▶ **총 회로 전력 (Total Circuit Power)**

제어장치의 정격 공급 전압과 최고 정격 출력 부하에서 제어장치와 LED 모듈이 소모한 총 전력

▶ **최고 허용 온도 (Rated Maximum Temperature, Tc)**

정상 동작 조건에서 정격 전압이나 정격 전압 범위의 최대값에서 외부 표면(표시한 경우, 지시한 곳에서)에서 생길 수 있는 최고 허용 온도

▶ **최대 출력 전압 (Maximum Output Voltage)**

어떤 부하 조건에서 정전류 구동장치의 출력 단자 간에 발생할 수 있는 최대 전압

▶ 측면등 (Sidelight)

일반적으로 배의 옆면에 설치되어 뱃머리로 향하여 오른쪽(우현)에는 녹색 정상광을, 왼쪽(좌현)에는 적색 정상광을 보이도록 설계된 항해등

(출처 : http://www.nauticexpo.com/prod/vetus/boats-side-lights-21508-215274.html)

▶ 커넥터 (Connector(Lamp))

적정한 절연상태를 가지며 유연성도체에 설치되어 램프를 지지하지는 않지만 램프에 전기적 접속을 제공하는 장치

▶ 커패시터 또는 시동장치의 외부 정격 최대 동작 온도 (Rated Maximum Operating Temperature Of The Case Of A Capacitor Or Starting Device)

정격 전압 또는 정격 전압 범위의 최대에서 정상 동작 상태하의 부품의 외부 표면(표시가 되었다면 표시된 자리)에서 발생할 수 있는 최고 허용 용도

▶ 코니스조명 (Cornice Lighting)

벽과 나란하게 천장에 부착시켜 벽전반에 빛을 골고루 분포시키기 위해 판넬로 차단 된 광원을 사용한 조명 시스템

(출처 :http://www.thecorniceman.co.uk/gallery/images/photogallery/pages/ LIGHT- TROUGH-AND-ARCH_gif.htm

▶ 코브조명 (Cove Lighting)

선반이나 벽의 후미진 곳에 램프가 가려지고 천장 전체면과 상부벽면을 비추는 간접 조명 시스템

(출처 : http://www.seaviewelectricinc.com/services.html)

▶ 클립 부착 등기구 (Clip-Mounted Luminaire)

부착 표면 위치에 등기구를 한 손 동작으로 고정시키는, 등기구와 탄성 스프링 클립의 일체형 조립체

(출처 : http://www.eglo.com/international/Produkte/Interior-Lighting/Table -Floor-Luminaires/FABIO/81261)

▶ 탐조등(Searchlight)

통상 틈새가 0.2m 보다 크며 거의 평행된 빔을 방출하는 고광도 투사기.

(출처 : http://discohirephilippines.blogspot.kr/2010/01/promotional-search- light-spaceflower.html)

▶ 트로퍼 (Troffer)

천장에 매립하는 가늘고 긴 반원형의 갓모양의 조명기구

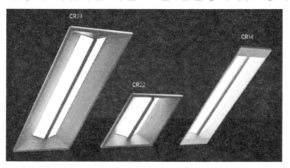

(출처 : http://lighting.madeinasia.com/news/Cree-Delivers-LED-Alternative- To-Linear-Fluoresce
nt-Fixtures-6989.html)

▶ 특수형 코드 (Specially Prepared Cord)

다른 일반 케이블이나 코드를 사용하여 교체할 경우, 위해를 일으키거나 안
전성을 감소시킬 있는 가요성 케이블이나 코드

▶ 판번호등 (Numberplate Light)

차량의 후미에서 차량등록번호표, 차량번호표등을 조명하기위해 장착되는
조명장치

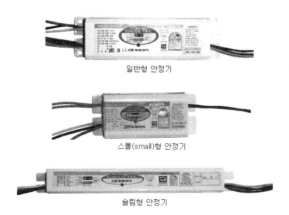

일반형 안정기

스몰(small)형 안정기

슬림형 안정기

▶ 팔이 닿는 범위 (Arms Reach)

사람이 보통 서 있거나 움직이는 표면 임의의 점에서 사람이 임의 방향으로 도움 없이 손으로 닿을 수 있는 한계까지의 접근 가능한 구역

▶ 펄스폭 변조 (Pulse Width Modulation, PWM)

변조 신호 크기에 따라서 펄스의 폭을 변화하여 변조하는 방식

▶ 페룰 (Ferrule)

케이블의 벗겨진 끝을 제한하는 데 사용하며 대개 경질 튜브로 된 기계적 고정구

(출처 : http://www.hitekvalve.com/search.asp?keyword=Ferrule&image2.x= 16&image2.y=10)

▶ 포광등 (Alternating Light)

서로 다른색을 규칙적으로 반복하여 나타내는 신호등

(출처 : http://www.pmlights.com/products.cfm?cld=7&fld=29&pld=1628)

▶ 포트 (Port)

외부 전자파 환경에 연결되는 전기적 접속 기구

(출처 : http://offset.gobizkorea.com/korean/blog/kr_catalog_view.jsp?blog_id =kdep&obj_id=960280 &co_lang=1)

▶ 표시등 (Marker Light(Outline))

차량에 장착되어 차량의 크기나 부가적인 길이를 나타내기 위해 사용되는 신호등

(출처 : http://www.lightinthebox.com/2-pcs-car-side-lamps-qr-818a-yellow_p224917.html)

▶ 프레임 (Frame)

기준 전위를 위한 제품의 단자

▶ 플러그인 구동장치 (Plug-In Controlgear)

전기 공급을 연결하는 수단으로 일체형 플러그가 있는 외함에 내장된 구동장치

▶ 핀캡 (Pin Cap)

1 개 또는 여러 개의 핀(원기둥, 평형핀을 포함)을 가지는 베이스(국제적으로 1 개의 핀인 경우 F, 여러 개의 핀을 가진 경우 G 라고 표시한다).

300BR(300BR-G) 4-pin bakelite tube base
(출처 : http://www.diytrade.com/china/pd/500783/300BR_300BR_G_4_pin_ bakelite_tube_base.html)

▶ 항공등 (Navigation Ligh)

항공기의 존재와 외형을 표시하기 위하여 항공기에 장착되는 신호등불

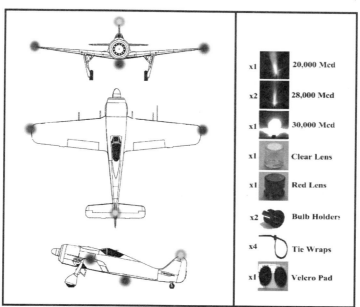

(출처 : http://www.rclighting.net/rc_lighting_12_026.htm)

▶ **항공장해등 (Obstacle Light; Obstruction Light)**

지상 또는 공기중에 항공기의 항해를 방해할 수 있는 고정되거나 이동성 방해물의 존재를 지시하는데 사용되는 지표항공등

(출처 : http://www.qlightkr.com/2010/product/view.php?no=86&cate=4)

▶ **항해등 (Navigation Light)**

배의 존재와 겉모양을 나타내기 위해, 때로는 특별한 용무와 기동력을 나타내기 위해 설치되는 신호등 또는 일련의 신호등불

(출처 : http://blog.daum.net/cool2848/15829151)

▶ **핸드램프(Hand-Lamp; Trouble Lamp)**

전원용 가요성 코드와 손잡이를 가진 이동형 조명기구.

(출처 : http://www.magnalight.com/pc-50586-279-vapor-proof-waterproof- led-trouble-light-hand-lamp-drop-light-with-cord-reel-10-watt-led-bulb.aspx)

▶ **헤드 램프(자전거) (Headlamp)**

　　도로 위에서 자전거의 존재를 알리고 길을 밝히기 위해 자전거 앞에 흰색 또
는 선택적인 노란색 빛을 발하는 램프

（출처 : http://blog.naver.com/PostView.nhn?blogId=imnuye&logNo=130108647269）

▶ **형식 시험 시료 (Type Test Sample)**

　　형식 시험을 목적으로 제조자 또는 판매자가 제출한 하나 또는 하나 이상의
유사 장치로 구성된 시료

▶ **형식 시험 (Type Test)**

　　관련 표준의 요구사항과 주어진 상품의 설계와 적합성을 검사할 목적으로 형
식 시험 시료에 수행하는 단일 시험 또는 일련의 시험

▶ **확산판 (Diffuser)**

　　램프의 배광을 교환하는데 확산현상을 이용하는 조명기구 혹은 기구의 구성
요소

（출처 : http://www.evenlit.lightstrade.com/view/83781/Evenlit-LED-Down- Light-Diffusion-Plate.html）

▶ 활주로등 (Runway Lights)

항공기가 착륙 또는 이륙하는데 이용하는 활주로 부분을 표시하기 위해 활주로 내 또는 활주로에 매우 근접한 바깥쪽에 설치하는 지표등

(출처 : http://blog.daum.net/khdyj/14610574)

▶ 회로 역률 (Circuit Power Factor PF)

측정된 회로 전력 대 공급 전압(실효치)과 공급 전류(실효치) 곱의 비율

▶ 후방안개등 (Rear Fog Light)

차량에 장착되어 가시도가 어려운 후방에있는 차량을 지시하기 위한 것으로 후미등을 보충하는 역할을 한다.

▶ 후진등 (Reversing Light))

차량이 후진하고자 하던가 혹은 실제로 후진하고 있을 때, 후방에 이것을 표시하기 위해 차량에 장착된 신호등. 또 동시에 후방을 조명하는 것도 있다.

INDEX

ㅂ

ㅊ

LED조명용어집

2013년 1월 2일 발행

편 저 : 장우진, 이진숙, 유영문, 권오화, 김용완, 이종찬
　　　　오도석, 손원국, 박승남, 조현민, 강태규, 이윤철
　　　　조용익

발행인 : 김복순

발행처 : ㈜圖書出版 技多利

등 록 : 1975년 3월 31일 NO. 서울 제6-25호

주 소 : 서울시 성동구 성수1가2동 13-187

T E L : 02)497-1322~4

F A X : 02)497-1326

I S B N : 978-89-7374-343-8

E-mail : kidarico@hanmail.net

Homepage : http://www.kidari.co.kr

정가 : 20,000원